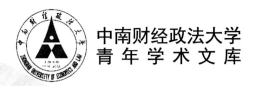

中南财经政法大学
青年学术文库

云计算和大数据系列丛书

获中南财经政法大学出版基金资助

相依数据的均值变点估计

习代青　著

CLOUD
COM
AND
DATA

WUHAN UNIVERSITY PRESS
武汉大学出版社

图书在版编目(CIP)数据

相依数据的均值变点估计／习代青著．-- 武汉：武汉大学出版社，
2024.12．-- 云计算和大数据系列丛书．-- ISBN 978-7-307-24534-1

Ⅰ. TP274

中国国家版本馆 CIP 数据核字第 2024F4X947 号

责任编辑:任仕元　　　责任校对:汪欣怡　　　版式设计:马　佳

出版发行:**武汉大学出版社**　(430072　武昌　珞珈山)

(电子邮箱:cbs22@ whu.edu.cn 网址:www.wdp.com.cn)

印刷:武汉邮科印务有限公司

开本:787×1092　1/16　印张:9.75　字数:181千字　插页:2

版次:2024 年 12 月第 1 版　　2024 年 12 月第 1 次印刷

ISBN 978-7-307-24534-1　　定价:49. 00 元

前　言

变点问题是统计学中重要的一类问题, 在许多领域都有广泛的应用. 最早追溯到工业领域, 在质量控制方面, 如何判断零件的质量是否达标、有无残次品出现等问题催生了对变点数据的研究, 例如沈维蕾 (2014) 对制造过程中的产品质量参数进行变点分析, 从而高效地整理出产品质量失控的原因. 在经济金融领域, 重大事件的发生, 如次贷危机、战争等, 会导致经济金融数据在某一时刻急剧转变, 即产生变点, 且研究结构变点对了解某个国家或地区的经济发展或某个金融领域的发展趋势具有重要作用. 如 Bendavid 和 Papell (1997) 揭示了战后各国的进出口 GDP 存在统计学意义上的结构变点; Hansen (2001) 寻找了美国劳动生产率的变点时刻; McMillan 和 Rodrik (2012) 分析了传统经济与现代经济中劳动生产率的结构变化; O'Leary 和 Webber (2014) 解释了结构变点对欧洲区域生产率增长问题发挥的作用; Ngene 等 (2015) 通过分析 1991—2014 年美国部分地区的房价数据发现只有当考虑结构变点时才能检验出数据的长记忆性; 叶五一等 (2007) 通过检验分位数回归模型的变点来研究金融危机传染效应. 在气象学中, 估计或检验变点能有助于了解气候变化情况, 如 Li 和 Robert (2015) 检验了历史气象数据的多重变点. 在灾害学中, 郭君和孔锋 (2019) 通过统计方法检验了历史灾害记录序列中存在的变点, 从而提高了灾害风险评估结果. 在交通运输领域, 王晓原等 (2002) 和朱广宇等 (2016) 将变点分析的统计方法应用到交通运输领域.

统计学家最早对变点问题的理论研究可追溯到 20 世纪 50 年代. Page (1954) 首次对变点问题进行了统计分析. Hinkley (1970) 构造似然比统计量检验了独立同分布正态随机变量的单均值变点, 并采用极大似然法估计了该变点, 最后推导出似然比统计量和极大似然估计量的渐近分布. Hinkley (1971) 用累计和统计量估计正态随机序列的均值变点, 并推导出其极限分布. Smith (1976) 给出了随机变量序列分布中变点的贝叶斯统计推断. Pettitt (1979) 提出了一种非参方法检验是否存在变点. Picard (1985) 提出用极大似然法估计自回归过程的均值变点, 并探究其渐近性质, 在随机过程的变点研究中占有重要地位. Bhattacharya (1987) 用极大似然法估计独立随机变量序列中分布的变点, 并分析了变点估计量的渐近性质. Bai (1994, 1997) 分别讨论了线性过程的单变点和多变点的估计问题, 分别采用最小二乘法和序贯最小二乘法, 并讨论了估计量的相合性和极限分布.

在过去的 30 年内, 有大量的学者对时间序列的变点问题进行了探索, 如 Chib (1998) 提出了用贝叶斯方法处理多变点模型; Bai 和 Perron (1998) 用最小二乘法同时估计回归模型的多变点; Leybourne 和 Moulines (2000), Harvey 和 Leybourne (2006, 2012) 以及 Kejriwal 等 (2013) 分析了模型扰动项的结构变点; Lavielle (2005) 基于贝叶斯框架利用惩罚函数估计了变点时刻和变点个数; Kawahara 等 (2007) 基于子空间识别提出了时间序列数据的变点检验算法; Qu (2008) 检验了分位数的变点; Harchaoui 和 Lévy-Leduc (2010) 提出用惩罚最小二乘法估计白噪声序列的均值多变点; Liu 等 (2013) 用非参方法检验了时间序列数据中的变点; Ciuperca (2014) 讨论了变点模型的模型选择; Pang 等 (2018) 研究了非平稳 AR(1) 的结构变点问题; Li 和 Wang (2020) 提出了用适应性 LAD-LASSO 法检验变点.

而变点问题的探讨并不仅局限于单一的时间序列模型中, 在 20 世纪 90 年代, 统计学家开启了对面板数据中变点的研究. Joseph 和 Wolfson (1992, 1993) 提出了在 N 个序列中具有 N 个独立同分布的变点的随机变点模型, 并推导出变点分布的一致估计量. Joseph 等 (1996) 将随机变点模型拓展至自回归过程. 近年来, 越来越多的文献聚焦于面板数据中模型参数的变点, 如 Mahmoud 等 (2007) 研究了线性截面数据的变点检验问题; Bai (2010) 用最小二乘法估计面板数据的均值变点; Kim (2011, 2014) 研究了面板数据中时间趋势的公共变点; Horváth 和 Hušková (2012) 以及 Chan 等 (2013) 检验了面板数据中的均值变点; Wachter 和 Tzavalis (2012) 对线性动态面板数据的变点检验展开了研究; Cho (2016) 用双重 CUSUM 统计量检验了面板数据中的变点; Li 和 Robert (2015) 基于 CUSUM 统计量检验了面板数据中方差的变点; Fisher 和 Jensen (2019) 对面板数据的多变点问题给出了贝叶斯推断; Westerlund (2019) 对样本量 T 固定的横截面相依单均值变点模型进行了研究, 并推导出变点的一致估计量.

然而, 无论是单一时间序列的变点研究还是面板数据的变点研究, 大多是关于独立变量或近似独立的弱相依变量的, 关于一般的相依数据的变点文献比较少, 尤其是关于面板数据的变点文献就更少了. 在时间序列模型中, Wright (1998) 研究了模型误差为平稳分整过程的多项式回归变点检验问题; Kuan 和 Hsu (1998) 研究了模型误差为平稳分整过程的单均值变点问题, 然而收敛速度并非最优速度; Hsu 和 Kuan (2008) 发现非平稳长记忆过程中单均值变点的最小二乘估计量不再具有相合性; Lavielle 和 Moulines (2000) 采用最小二乘法同时估计了长记忆时间序列的多均值变点; Wang (2008) 采用非参方法估计长记忆时间序列的均值变点; Chang 和 Perron (2016) 用最小二乘法估计了模型误差为分整过程的截距和趋势项的变点; Betken (2016, 2017) 基于 Wilcoxon 检验提出了长记忆数据的变点检验和估计; Iacone 等

(2019) 提出了用半参方法检验长程相依数据中的变点. 而 Chen 和 Hu (2017) 采用 CUSUM 方法估计了单均值变点, 这可能是第一篇关于长记忆面板数据中变点研究的文献.

因此, 本书将主要介绍模型误差为相依过程的均值变点模型, 包含长记忆和中期记忆两种情形. 在时间序列模型中, 我们将探讨多变点的估计问题; 在面板数据中, 我们将分别分析均值的单公共变点和多公共变点的估计问题.

第 2 章采用序贯最小二乘法讨论了误差为平稳分整过程的多变点时间序列模型, 分别在变点固定和变点收缩两种情形下讨论估计量的渐近性质. 在变点固定时, 结论改进了 Kuan et al. (1998) 中变分点估计量的收敛速度; 并说明变分点的收敛速度为 $1/T$, 与数据的相依程度无关. 在变点收缩时, 给出了长记忆模型中变分点估计量的最优收敛速度和极限分布, 以及中期记忆模型变分点估计量的一个粗糙的收敛速度. 同时, 比较了序贯估计法和同时估计法的优劣. 在计算复杂度上, 序贯法的表现远优于同时估计法. 在估计精度上, 两者都很精准, 序贯法的表现略逊色于同时估计法; 然而通过对序贯法进行简单的改进后, 它的估计精度几乎可与同时估计法相当.

第 3 章分别介绍了中期记忆面板数据的单变点模型和多变点模型, 变点强度设置为强信号或中等信号. 对于单变点模型, 采用最小二乘法进行估计, 在强变点信号下说明了变点估计量的相合性, 在中等变点信号下给出了估计量的收敛速度和极限分布. 对于多变点模型, 采用序贯最小二乘法依次估计变点时刻, 同样推导出了估计量的相合性、收敛速度和极限分布等渐近性质. 值得注意的是, 变分点的估计量始终都具有相合性.

第 4 章则对长记忆面板数据变点模型展开讨论, 与第 3 章一样分为单变点模型和多变点模型. 本章除了研究强、中两种变点信号之外, 还首次对弱变点信号下的变点估计量的渐近性质展开了分析. 研究结果显示, 长记忆性与变点强度对估计量的作用相互制衡. 当变点信号强时, 估计量具有相合性; 当变点信号中等时, 估计量的收敛速度也与相依程度无关, 但极限分布依赖于相依程度; 当变点信号弱时, 估计量的收敛速度和极限分布均与相依程度有关.

第 5 章对第 4 章的双变点模型再次进行研究, 将模型设置为具有两个不同信号强度的变点模型, 采用序贯最小二乘法依次估计变点. 我们惊喜地发现变点信号的强弱天然地决定了估计的先后次序, 而各变点估计量的表现反而同单变点模型的表现类似.

作 者

2024 年 7 月

目　　录

第 1 章　预备知识

1.1　长记忆性

20 世纪 50 年代, Hurst (1951,1957) 在研究尼罗河水位变化情况时, 首次发现时间序列数据当下 (或过去) 的取值对未来有较强的影响, 这种影响远超过随机扰动所造成的影响, 这种现象被称为时间序列的长记忆性. 与常见的 ARMA 过程不同, 长记忆时间序列具有长期相关性, 且相关系数呈现双曲衰减. 本书仅讨论平稳的长记忆过程. Guégan (2005) 以及 Haldrup 和 Vera Valdés (2017) 总结了几类收敛速度确定的长记忆性, 定义如下:

定义 1.1　设平稳过程 $\{x_t\}$ 的自协方差函数为 $\gamma_x(k)$, 谱函数为 $f_x(\gamma)$, 令 $d \in (0, 0.5)$, 若下列条件至少有一个满足, 则称 $\{x_t\}$ 具有长记忆性.

a) 当 $k \to \infty$ 时, 有 $\gamma_x(k) = C(d)k^{2d-1}$, 其中, $C(d)$ 是一个与 d 有关的常数.

b) 存在 $\gamma_0 \in [-\pi, \pi]$, 使得 $\lim\limits_{\lambda \to \lambda_0} f_x(\lambda) = h|\lambda|^{-2d}$, 其中, $0 < h < \infty$.

c) 当 $T \to \infty$ 时, 有 $\mathrm{Var}\left(\sum\limits_{1}^{T} x_t\right) = O_p\left(T^{1+2d}\right)$.

d) 当 $k, m \to \infty$ 时, 有 $m^{1-2d}\mathrm{Cov}\left(x_t^{(m)}, x_{t+k}^{(m)}\right) \approx Ck^{(2d-1)}$, 其中, $x_t^{(m)} = \dfrac{1}{m}\sum\limits_{i=tm-m+1}^{tm} x_i$, $m \in \mathbf{N}$.

e) $X_n(\tau) = \sigma_n^{-1}\sum\limits_{t=1}^{\lfloor n\tau \rfloor} x_t \Rightarrow B_d(\tau)$, 其中, $\tau \in [0, 1]$, $B_d(\cdot)$ 是 Hurst 指数 $H = d + 0.5$ 的分数布朗运动.

其中, 定义 a) 从自协方差的角度描述了时间序列的长记忆性, 可参见 Adenstedt (1974), Granger 和 Joyeux (1980) 以及 Hosking (1981). 定义 b) 从谱函数的角度定义了长记忆性, 可参见 Granger (1966). 定义 c) 从序列部分和的角度定义了长记忆性, 可参见 Diebold 和 Inoue

(2001) 与 Guégan (2005). 定义 d) 与 e) 基于 Mandelbrot 和 Van Ness (1968), 分别从自相似性和弱收敛的角度定义了长记忆性.

1.2　$I(d)$ 过程

Granger 和 Joyeux (1980) 以及 Hosking (1981) 提出的分整模型是最常见的刻画数据长记性的模型之一。首先, 给出如下分数差分算子:

$$(1-B)^d = \sum_{j=0}^{\infty} \frac{-d+j}{(-d)(j+1)} B^j,$$

其中, B 是滞后算子, $\Gamma(\cdot)$ 是伽马函数. 基于分数差分算子可以构造分整模型, 包括 ARFIMA 过程、$I(d)$ 过程等.

定义 1.2　称 $\{x_t\}$ 为 $I(d)$ 过程, 若

$$(1-B)^d x_t = u_t, \tag{1.1}$$

其中, u_t 是一列零均值且方差有限的独立同分布随机变量序列, 即 $u_t \sim \text{i.i.d}(0, \sigma_u^2)$. 记为 $x_t \sim I(d)$.

称 $I(d)$ 过程中的参数 d 为记忆参数, 当 $d \in (-0.5, 0.5)$ 时, $I(d)$ 过程平稳且遍历. 显然, 当 $d = 0$ 时, $\{x_t\}$ 退化为独立同分布情形. 当 $d \in (-0.5, 0.5)$ 且 $d \neq 0$ 时, x_t 的自相关系数 $\rho(s)$ 以双曲速率 $|s|^{2d-1}$ 衰减, 因此

$$\sum_{s=0}^{n} |\rho(s)| = O(n^{2d}).$$

故, 当 $d \in (-0.5, 0)$ 时, x_t 具有中期记忆性 (intermediate memory); 当 $d \in (0, 0.5)$ 时, x_t 的自相关系数不绝对可和, x_t 具有长记忆性 (也可称为长程相依性或强相依性).

若 $x_t \sim I(d)$, 且 $d \in (-0.5, 0.5)$, 记 u_t 的方差为 σ_u^2, 则 x_t 具有如下性质:

- R1　x_t 的自协方差函数为

$$\gamma_x(s) = E(x_t x_{t-s}) = \frac{\Gamma(1-2d)\Gamma(d+s)}{\Gamma(d)\Gamma(1-d)\Gamma(1-d+s)} \sigma_u^2.$$

- R2　$\gamma_x(s)$ 的阶为 $O(s^{2d-1})$, 即

$$\lim_{s \to \infty} \frac{\gamma_x(s)}{s^{2d-1}} = \frac{\Gamma(1-2d)}{\Gamma(d)\Gamma(1-d)} \sigma_u^2.$$

- R3 $\displaystyle\sum_{t=1}^{T} x_t$ 的方差为

$$\sigma_T^2 = \text{Var}(S_T) = \frac{\sigma_u^2 \Gamma(1-2d)}{(1+2d)\Gamma(1+d)\Gamma(1-d)} \left[\frac{\Gamma(1+d+T)}{\Gamma(-d+T)} - \frac{\Gamma(1+d)}{\Gamma(-d)} \right].$$

- R4 $\displaystyle\sum_{t=1}^{T} x_t$ 方差的阶为 $O(T^{2d+1})$, 具体地,

$$\lim_{T\to\infty} \frac{\text{Var}(S_T)}{T^{1+2d}} = \frac{\Gamma(1-2d)}{(1+2d)\Gamma(1+d)\Gamma(1-d)}\sigma_u^2.$$

- R5 $\{x_t^2\}$ 满足以下大数律,

$$\frac{1}{T}\sum_{t=1}^{T} x_t^2 \xrightarrow{p} E(x_t^2) = \gamma_x(0), \quad T\to\infty.$$

- R6 $\{x_t\}$ 满足泛函中心极限定理:

$$\frac{1}{T^{0.5+d}} \sum_{t=1}^{\lfloor T\tau \rfloor} x_t \Rightarrow \kappa(d)\sigma_u B_d(\tau), \ 0 \leqslant \tau \leqslant 1,$$

其中,

$$\kappa(d) = \sqrt{\frac{\Gamma(1-2d)}{(1+2d)\Gamma(1+d)\Gamma(1-d)}}, \tag{1.2}$$

B_d 是 Mandelbrot 和 Van Ness(1968) 提出的分数布朗运动, 即

$$B_d(\tau) = \frac{1}{\Gamma(1+d)} \left[\int_0^\tau (\tau-s)^d \mathrm{d}B_0(s) + \int_{-\infty}^0 \left\{ (\tau-s)^d - (-s)^d \right\} \mathrm{d}B_0(s) \right]$$

B_0 为标准布朗运动.

性质 R1 ~ R5 参考 Sowell (1990). 性质 R6 由 Wang 等 (2003) 给出.

引理 1.1可参考 Lavielle 等 (2000) 中定理 1 和引理 2.2.

引理 1.1 (Hájek-Rényi 不等式) 若 $\{x_t\}$ 是 $I(d)$ 过程, $\{u_t\}$ 是一列均值为零方差有限的独立同分布随机变量, 且对于某个 $\delta > 0$, $E(|u_t|^{2+\delta}) < \infty$ 成立, 令 $S_k = \displaystyle\sum_{t=1}^{k} x_t$, 则对于足够大的正整数 m, 以下结论成立,

$$\begin{cases} \sup_{k\geqslant m} \frac{1}{k}|S_k| = O_p(m^{-0.5}), & \sup_{1\leqslant k\leqslant m} \frac{1}{\sqrt{k}}|S_k| = O_p(\sqrt{\ln m}), & -0.5 < d < 0, \\ \sup_{k\geqslant m} \frac{1}{k}|S_k| = O_p(m^{-0.5+d}), & \sup_{1\leqslant k\leqslant m} \frac{1}{\sqrt{k}}|S_k| = O_p(m^d\sqrt{\ln m}), & 0 \leqslant d < 0.5. \end{cases}$$

当 $-0.5 < d < 0$ 时, 引理 1.1 的结论可参照 Hu 等 (2011) 的定理 2.1; 当 $d = 0$ 时, 结论可参照 Lin 和 Bai (2010) 的定理; 当 $0 < d < 0.5$ 时, 结论可参考 Lavielle 和 Moulines (2000) 中定理 1 和引理 2.2.

引理 1.2　令 $X_1, \cdots, X_n$ 为独立同分布随机变量, 均值为零, 具有 $2p$ 阶矩 $E(X_1^{2p}) < \infty$, 其中 $p > 0$. 若常数序列 $a_1, \cdots, a_n$ 满足 $\sum\limits_{i=1}^{n} a_i^2 = 1$, 则

$$E\left(\sum_{i=1}^{n} a_i X_i\right)^{2p} \leqslant \left(\frac{3}{2}\right)^{2p} (2p-1)!! E(X_1^{2p}),$$

其中, $(2p-1)!! = 1 \times 3 \times \cdots \times (2p-1)$.

证明　见 Lin 和 Bai (2010) 中第 112 页.

引理 1.3　若 $x_t \sim I(d)$ 且 $-0.5 < d < 0.5$, 则对任意正整数 i 和正整数 $j > i$, 有

$$\left| E\left[\frac{1}{j-i}\left(\sum_{t=1}^{i} x_t\right)\left(\sum_{s=i+1}^{j} x_s\right)\right] \right| \leqslant \begin{cases} O(1), & d < 0, \\ 0, & d = 0, \\ O(i^{2d}), & d > 0. \end{cases}$$

证明　当 $d = 0$ 时, 易得 $\left| E\left[\dfrac{1}{j-i}\left(\sum\limits_{t=1}^{i} x_t\right)\left(\sum\limits_{s=i+1}^{j} x_s\right)\right] \right| = 0.$

当 $d \neq 0$ 时, 由性质 R2 可知 $\gamma_x(h) = E(x_t x_{t+h}) = O(h^{2d-1})$, 因此

$$\begin{aligned} \left| E\left[\frac{1}{j-i}\left(\sum_{t=1}^{i} x_t\right)\left(\sum_{s=i+1}^{j} x_s\right)\right] \right| &= \left| \frac{1}{j-i}\sum_{t=1}^{i}\sum_{s=i+1}^{j} \gamma_x(s-t) \right| \\ &\leqslant C\left| \frac{1}{j-i}\sum_{t=1}^{i}\sum_{s=i+1}^{j} (i+1-t)^{2d-1} \right| \\ &= C\left| \frac{j-i}{j-i}\sum_{t=1}^{i} (i+1-t)^{2d-1} \right| \\ &= \begin{cases} O(1), & d < 0, \\ O(i^{2d}), & d > 0. \end{cases} \end{aligned}$$

引理 1.3 得证.

此外, 由性质 R4 可知,

$$E\left[\frac{1}{j-i}\left(\sum_{t=i+1}^{j}x_t\right)^2\right]=O((j-i)^{2d}). \qquad (1.3)$$

1.3 本书结构

本书的主要结构如下:

第 2 章将介绍模型误差为 $I(d)$ 过程 ($d \in (-0.5, 0.5)$) 的时间序列多均值变点估计, 模型来源于 Bai (1997) 的多变点模型, 采用序贯最小二乘法依次估计变点时刻. 从双变点模型着手, 分别分析了均值变点为固定值和变点收缩两种情形下估计量的渐近性质, 随后将模型推广至一般的多变点模型, 并推导出相应的理论结果. 然后, 对理论结果进行了数据模拟, 观察不同情况下估计量的有限样本性质. 最后, 对理论结果给出了详细的证明.

第 3 章将首先介绍面板数据的均值单变点估计, 估计方法为最小二乘法, 模型来源于 Bai (2010), 具有 N 个独立的序列, 每个序列含有 T 个样本. Bai (2010) 的模型误差 x_{it} 由 N 个独立的线性过程构成, 且满足, 对每个 $i = 1, 2, \cdots, N$,

$$x_{it} = \sum_{j=0}^{\infty} a_{ij} u_{i,t-j}, \quad u_{it} \sim \text{i.i.d}(0, \sigma_{iu}^2),$$

且

$$\sum_{j=0}^{\infty} j|a_{ij}| < \infty.$$

而在本书第 3 章的设定中, 模型误差 x_{it} 由 N 个独立的具有中期记忆的平稳 $I(d)$ 过程构成, 即 $d \in (-0.5, 0)$. 将模型误差写成线性形式, 则有

$$x_{it} = \sum_{j=0}^{\infty} b_{ij} u_{i,t-j}, \quad u_{it} \sim \text{i.i.d}(0, \sigma_{iu}^2),$$

且

$$\sum_{j=0}^{\infty} j|b_{ij}| = \infty, \quad \sum_{j=0}^{\infty} |b_{ij}| < \infty.$$

因此, 与 Bai (2010) 的弱相依模型误差相比, 本书第 3 章的模型误差相依性更强, 具有中期记忆且表现出不同的统计性质. 第 3 章首先介绍了单序列均值变点为固定值而总均值变点趋于无穷时, 变点估计的渐近性质, 随后在单序列均值变点收缩而总均值变点收敛到一个常数情形下分析了估计量的渐近性质并给出其极限分布. 其次, 将模型拓展到多变点情形, 采用

序贯最小二乘法, 分析估计量的渐近性质. 然后对模型做数值模拟, 验证其理论性质. 最后, 详细证明了本章的理论结果.

第 4 章将介绍长记忆面板数据的公共变点估计. 首先讨论单变点情形, 模型来源于 Bai (2010) 的模型 (1):

$$\begin{cases} y_{it} = \mu_{i1} + x_{it}, & t = 1, \cdots, k^0, \\ y_{it} = \mu_{i2} + x_{it}, & t = k^0 + 1, \cdots, T, \end{cases} \quad i = 1, 2, \cdots, N.$$

定义变点信号

$$\lambda_N = \sum_{i=1}^{N} (\mu_{i1} - \mu_{i2})^2,$$

当 $\lambda_N \to \infty$ 时, 称变点信号为强变点信号; 当 λ_N 收敛到某个正的常数时, 称变点信号为中等变点信号; 当 $\lambda_N \to 0$ 时, 称变点信号为弱变点信号. Bai (2010) 仅讨论了强信号和中等信号下变点的估计, 而在第 4 章将分别讨论强、中、弱三种信号的变点估计. 且从直观上看变点信号越弱, 估计的难度越大. 此外, 我们将单公共变点模型拓展至多公共变点模型, 采取序贯最小二乘法依次估计变点. 从双变点模型着手, 讨论了在强、中、弱三种变点信号下估计量的一致性和极限分布等渐近性质; 并最终将结论推广至多变点面板数据模型. 值得注意的是, 在本章的多变点模型设定中, 所有变点信号的强度都是相同的. 接着, 分别对单变点模型和双变点模型做数据模拟, 观察估计量的有限样本性质; 此外还给出了一个实证分析结果. 最后, 详细证明了理论结果.

第 5 章介绍了含有两个公共变点的面板数据模型, 模型与第 4 章的双变点模型相同, 模型误差为长记忆过程, 但两个变点的信号强度不同. 本章提出了多种不同变点信号的组合, 并分别在不同情况下讨论变点估计量的渐近性质. 随后, 由蒙特卡洛实验验证理论结果. 最后, 对理论结果做出证明.

第2章 相依时间序列的均值多变点估计

本章将介绍模型误差为相依过程的时间序列模型中均值多变点估计问题, 具体的模型误差 x_t 为平稳且遍历的 $I(d)$ 过程, 采用 Bai (1997) 提出的序贯最小二乘法. 当 $d \in (-0.5, 0)$ 时, x_t 具有中期记忆性; 当 $d \in (0, 0.5)$ 时, x_t 具有长期记忆性. 从双变点模型着手, 讨论变点估计量的相合性和极限分布; 然后将模型推广至一般的多变点模型, 并推导估计量的渐近性质.

2.1 模型与结论

2.1.1 双变点模型

双变点模型的具体形式如下:

$$
\begin{cases}
y_t = \mu_1 + x_t, & t = 1, \cdots, k_1^0, \\
y_t = \mu_2 + x_t, & t = k_1^0 + 1, \cdots, k_2^0, \\
y_t = \mu_3 + x_t, & t = k_2^0 + 1, \cdots, T,
\end{cases}
\tag{2.1}
$$

其中, $k_j^0 (j = 1, 2)$ 是两个未知的变点时刻, 并记 $\tau_1^0 = k_1^0/T$ 和 $\tau_2^0 = k_2^0/T$ 为相应的变分点. 在变点分析中, k_j^0 的大小可能会受样本量 T 的影响, 但 τ_j^0 的值被假设是确定的. 我们的目标是估计 k_1^0 和 k_2^0. $\mu_j (j = 1, 2, 3)$ 分别为第 j 个部分的均值.

本章采用 Bai (1997) 提出的序贯最小二乘估计法. 序贯法在变点估计中具有两个优势: (1) 计算复杂度小, 它的计算时间远小于同时估计法的计算时间. 序贯法的计算复杂度为 $O(T)$; 而同时估计法即使在使用动态算法优化的情况下, 计算复杂度仍高达 $O(T^2)$. (2) 在变点数不确定的时候, 该方法十分稳健. 序贯法的具体步骤为: 第一步, 将模型视为单变点情形, 用最小二乘法估计出一个变点 $\hat{k}$, 首次获得的变点估计量将总样本区间划分成两个子样本区间: $[1, \hat{k}]$ 和 $[\hat{k} + 1, T]$. 第二步, 若 $\hat{k}$ 是 k_1^0 的估计量, 则在区间 $[\hat{k} + 1, T]$ 内再次使用最小二乘法估计 k_2^0; 若 $\hat{k}$ 是 k_2^0 的估计量, 则在区间 $[1, \hat{k}]$ 内用最小二乘法估计 k_1^0.

注 2.1　在实际中, 我们难以确定 $\hat{k}$ 是谁的估计量, 因此第二步可以这样进行: 分别在两个子样本区间 $[1,\hat{k}]$ 和 $[\hat{k}+1,T]$ 内再次使用最小二乘法估计出两个变点, 挑选出使得总的残差平方和最小的那个为第二次估计的变点估计量.

记 $\overline{y}_k$ 为前 k $(1 \leqslant k \leqslant T-1)$ 个样本的样本均值, $\overline{y}_k^*$ 为剩下的 $T-k$ 个样本的样本均值, 即

$$\overline{y}_k = \frac{1}{k}\sum_{t=1}^{k} y_t, \quad \overline{y}_k^* = \frac{1}{T-k}\sum_{t=k+1}^{T} y_t.$$

给定任意 k, 残差平方和记为 $S_T(k)$:

$$S_T(k) = \sum_{t=1}^{k}(y_t - \overline{y}_k)^2 + \sum_{t=k+1}^{T}(y_t - \overline{y}_k^*)^2,$$

则首次估计的变点估计量 $\hat{k}$ 的定义如下:

$$\hat{k} = \underset{1 \leqslant k \leqslant T-1}{\arg\min}\, S_T(k), \tag{2.2}$$

并定义 $\hat{\tau} = \hat{k}/T$ 为相应的变分点的估计量. 此外, 定义

$$\overline{y} = \frac{1}{T}\sum_{t=1}^{T} y_t, \quad S_T(0) = S_T(T) = \sum_{t=1}^{T}(y_t - \overline{y})^2.$$

记

$$U_T(\tau) = \frac{1}{T}S_T(\lfloor T\tau \rfloor), \quad U(\tau) = p\lim U_T(\tau).$$

显然, $\hat{\tau}$ 为 $U_T(\tau)$ 的极小值点. 下述引理 2.1 保证了 $U(\tau)$ 的存在性.

在介绍主要结论之前, 需要对模型 (2.1) 做如下假设:

- 假设 A1: 对于 $-0.5 < d < 0.5$, $\{x_t\}$ 是 $I(d)$ 过程, 即满足式 (1.1), 其中, $u_t \sim$ i.i.d$(0,\sigma_u^2)$, 且存在 $\delta > 0$ 使得 $E(|u_t|^{2+\delta}) < \infty$.

- 假设 A2: 对 $i = 1,2$, 有 $\mu_i \neq \mu_{i+1}$, $0 < \tau_1^0 < \tau_2^0 < 1$.

- 假设 A3: μ_i 均为固定的值.

- 假设 A4: $U(\tau_1^0) < U(\tau_2^0)$.

注 2.2 假设 A1 是关于模型误差的设定. 当 $d \in (0, 0.5)$ 时, x_t 具有长记忆性, 若 u_{it} 二阶矩存在, Lavielle 和 Moubines (2000) 提供了长程相依随机变量的 Hájek-Rényi 不等式. 当 $d \in (-0.5, 0)$ 时, x_t 具有中期记忆性, 若 $E(|u_t|^{2+\delta}) < \infty$ 成立, Hu 等 (2011) 提供了中期记忆随机变量的 Hájek-Rényi 不等式. Hájek-Rényi 不等式对变点分析起重要作用. 假设 A2 是变点文献的常规假设, 保证了变点的可识别性. 假设 A3 阐述了变点信号的强度, 此时均值跳动幅度为固定的常量. 而假设 A4 说明了第一个变点比第二个变点更为显著, 从而保证了估计次序, 即首次估计的是第一个变点 k_1^0.

引理 2.1 对于模型 (2.1), 若假设 A1~A3 成立, 则 $U_T(\tau)$ 在区间 $[0, 1]$ 内依概率一致收敛到一个非随机函数 $U(\tau)$.

值得注意的是, 函数 $U(\tau)$ 是一个连续函数, 但由于变点的存在, 它的表达式并不固定. 特别地,

$$U(\tau_1^0) = \frac{(\tau_2^0 - \tau_1^0)(1 - \tau_2^0)}{(1 - \tau_1^0)}(\mu_2 - \mu_3)^2 + \frac{\Gamma(1 - 2d)}{\Gamma(1 - d)\Gamma(1 - d)}\sigma_u^2, \tag{2.3}$$

$$U(\tau_2^0) = \frac{\tau_1^0(\tau_2^0 - \tau_1^0)}{\tau_2^0}(\mu_1 - \mu_2)^2 + \frac{\Gamma(1 - 2d)}{\Gamma(1 - d)\Gamma(1 - d)}\sigma_u^2. \tag{2.4}$$

显然, 假设 A4 与下式等价:

$$\frac{\tau_1^0}{\tau_2^0}(\mu_1 - \mu_2)^2 > \frac{1 - \tau_2^0}{1 - \tau_1^0}(\mu_2 - \mu_3)^2. \tag{2.5}$$

接下来, 我们将分情况讨论. 分别讨论在 $U(\tau_1^0) < U(\tau_2^0)$ 情形 ($U(\tau_1^0) > U(\tau_2^0)$ 为对称情形) 和 $U(\tau_1^0) = U(\tau_2^0)$ 情形下变点的估计. 在假设 A1~A4 成立的条件下, 直观上看 $U(\tau)$ 在 τ_1^0 处取得极小值, 因此首次获得的变分点估计量 $\hat{\tau}$ 应趋近于 τ_1^0. 同理, 若假设 A3 的逆条件成立, 则 $\hat{\tau}$ 会趋近于 τ_2^0. 而在 $U(\tau_1^0) = U(\tau_2^0)$ 情形下结论会有所不同, 此时 $\hat{\tau}$ 趋于 τ_1^0 和 τ_2^0 的可能性相同, 之后将具体说明.

为了便于区分, 在假设 A3 成立的条件下, 记 $\hat{\tau}_1 = \hat{\tau}$ 和 $\hat{k}_1 = \hat{k}$, 记第二次估计的变点估计量和变分点估计量分别为 $\hat{k}_2$ 和 $\hat{\tau}_2 = \hat{k}_2/T$.

引理 2.2 对于模型 (2.1), 若假设 A1~A4 成立, 那么

$$|\hat{\tau}_1 - \tau_1^0| = O_p(T^{-0.5+d}).$$

由引理 2.2可知, 对于所有的 $-0.5 < d < 0.5$, 有 $|\hat{k}_1 - k_1^0| = o_p(T)$, $\hat{\tau}_1$ 是 τ_1^0 的相合估计量, 且给出了一个粗糙的收敛速度, 而此速度可以被进一步改进.

定理 2.1　对于模型 (2.1), 若假设 A1~A4 成立, 对任意 $\varepsilon > 0$, 存在一个有限的正常数 M 使得对足够大的 T 以下结论成立:

$$P(T|\hat{\tau}_1 - \tau_1^0| > M) < \varepsilon, \quad P(T|\hat{\tau}_2 - \tau_2^0| > M) < \varepsilon.$$

注 2.3　Kuan 和 Hsu (1998) 证明了对于所有的 $-0.5 < d < 0.5$, 变分点估计量的收敛速度是 $1/T^{0.5-d}$. 本章我们将变分点的收敛速度提高至 $1/T$, 该收敛速度与记忆参数 d 无关.

由定理 2.1 可知, 当均值变点固定时, 变点估计量具有 $T-$ 一致性, 而变分点估计量具有一致性. 而当变点收缩, 即均值随样本量的增加趋于零时, 结论会发生变化. 直观上看, 当变点收缩时, 均值的跳动幅度也越小, 因此变点估计的难度也会增大. 在介绍结论之前需要增加如下两个假设条件.

- 假设 A5: 第 i 部分的均值 μ_i 满足: $\mu_i = \mu_{iT} = v_T \tilde{\mu}_i$, 且对某个 $\delta \in (|d|, 0.5)$, v_T 满足

$$v_T \to 0, \quad T^{0.5-\delta} v_T \to \infty.$$

- 假设 A6: $p \lim v_T^{-2} [U_T(k_1^0/T) - U_T(k_2^0/T)] < 0.$

注 2.4　假设 A5 说明了变点收缩的具体条件, 对均值收缩的速度提出了要求. 假设 A6 与假设 A4 一样保证了估计的次序.

引理 2.3　对于模型 (2.1), 若假设 A1, A2, A5 和 A6 成立, 则

$$|\hat{\tau}_1 - \tau_1^0| = O_p(v_T^{-1} T^{-0.5+d}).$$

引理 2.3 给出了 $\hat{\tau}_1$ 的一个收敛速度, 由假设 A5 可知, $\hat{\tau}_1$ 仍然是 τ_1^0 的相合估计, 且 $|\hat{k}_1 - k_1^0| = o_p(T)$. 同样, 该速度可以被进一步提升.

定理 2.2　对于模型 (2.1), 若假设 A1、A2、A5 和 A6 成立, 则对任意 $\varepsilon > 0$, 存在一个有限正常数 M 使得对足够大的 T, 以下结论成立:

$$P\left(T|\hat{\tau}_1 - \tau_1^0| > M v_T^{-2}\right) < \varepsilon, \quad P\left(T|\hat{\tau}_2 - \tau_2^0| > M v_T^{-2}\right) < \varepsilon, \quad -0.5 < d < 0, \tag{2.6}$$

$$P\left(T|\hat{\tau}_1 - \tau_1^0| > M v_T^{-2/(1-2d)}\right) < \varepsilon, \quad P\left(T|\hat{\tau}_2 - \tau_2^0| > M v_T^{-2/(1-2d)}\right) < \varepsilon, \quad 0 \leqslant d < 0.5. \tag{2.7}$$

注 2.5 当 $0 \leqslant d < 0.5$ 时, 定理 2.2 给出的结论是最优的, 并能够推导出 $\hat{\tau}_1$ 和 $\hat{\tau}_2$ 的极限分布. 当 $-0.5 < d < 0$ 时, 定理 2.2 显示 $\hat{\tau}_1$ 和 $\hat{\tau}_2$ 的收敛速度不依赖于记忆参数 d, 而此速度并非最优速度, 因此无法推导出 $\hat{\tau}_1$ 和 $\hat{\tau}_2$ 的极限分布. 我们相信, 当 $-0.5 < d < 0$ 时, 若最优 Hájek-Rényi 不等式存在, 那么结论 (2.7) 将对所有的 $-0.5 < d < 0.5$ 都成立.

定理 2.3 对于模型 (2.1), 若假设 A1、A2、A5 和 A6 成立, 当 $0 \leqslant d < 0.5$ 时, 以下结论成立:

$$Tv_T^{2/(1-2d)}(\hat{\tau}_1 - \tau_1^0) \xrightarrow{d} \arg\min_s \Gamma_1(s, \lambda_1), \tag{2.8}$$

其中,

$$\lambda_1 = \frac{1 - \tau_2^0}{1 - \tau_1^0} \cdot \frac{\tilde{\mu}_3 - \tilde{\mu}_2}{\tilde{\mu}_2 - \tilde{\mu}_1},$$

$$\Gamma_1(s, \lambda) = \begin{cases} 2\kappa(d)\sigma_u(\tilde{\mu}_2 - \tilde{\mu}_1)B_d^{(1)}(s) - s(\tilde{\mu}_2 - \tilde{\mu}_1)^2(1 + \lambda), & s < 0, \\ 0, & s = 0, \\ 2\kappa(d)\sigma_u(\tilde{\mu}_2 - \tilde{\mu}_1)B_d^{(1)}(s) + s(\tilde{\mu}_2 - \tilde{\mu}_1)^2(1 - \lambda), & s > 0, \end{cases}$$

$\kappa(d)$ 的定义见式 (1.2), $B_d^{(1)}(s)$ 是一个双边分数布朗运动.

定理 2.4 对于模型 (2.1), 若假设 A1、A2、A5 和 A6 成立, 当 $0 \leqslant d < 0.5$ 时, 以下结论成立:

$$Tv_T^{2/(1-2d)}(\hat{\tau}_2 - \tau_2^0) \xrightarrow{d} \arg\min_s \Gamma_2(s, 0), \tag{2.9}$$

其中,

$$\Gamma_2(s, \lambda) = \begin{cases} 2\kappa(d)\sigma_u(\tilde{\mu}_3 - \tilde{\mu}_2)B_d^{(2)}(s) - s(\tilde{\mu}_3 - \tilde{\mu}_2)^2(1 + \lambda), & s < 0, \\ 0, & s = 0, \\ 2\kappa(d)\sigma_u(\tilde{\mu}_3 - \tilde{\mu}_2)B_d^{(2)}(s) + s(\tilde{\mu}_3 - \tilde{\mu}_2)^2(1 - \lambda), & s > 0, \end{cases}$$

$\kappa(d)$ 的定义见式 (1.2), $B_d^{(2)}(s)$ 是一个双边分数布朗运动.

从定理 2.3 和 2.4 可以发现: (1) $\hat{\tau}_1$ 和 $\hat{\tau}_2$ 的收敛速度和极限分布都与记忆参数 d 有关; (2) 记忆参数 d 的值越大, $\hat{\tau}_1$ 和 $\hat{\tau}_2$ 的收敛速度越慢.

注 2.6　定理 2.3 和定理 2.4 中的极限分布都是非对称的, 首先, 是因为分数布朗运动本身是非对称的. 其次, $\lambda_1 \neq 0$ 进一步加深了 $\hat{\tau}_1$ 的渐近分布的非对称性. 具体来说, 在估计 τ_1^0 时, 我们假设模型仅存在一个变点, 从而在模型设定错误的情况下对 τ_1^0 进行了估计. 关于估计时模型设定错误的问题可以通过再分配法解决: 首先获得 k_i^0 $(i = 1, 2)$ 的原始估计量 $\hat{k}_i$, 然后再基于原始估计量 $\hat{k}_i$ 重新估计, 即在子样本区间 $[1, \hat{k}_2]$ 内再次估计 k_1^0, 在子样本区间 $[\hat{k}_1, T]$ 内估计 k_2^0, 记最终的估计量分别为 $\hat{k}_1^*$ 和 $\hat{k}_2^*$. 再分配法可以提高估计的精度.

注 2.7　本节采用序贯估计法研究了 $-0.5 < d < 0.5$ 的情形. 在已有文献中, 相比于 Bai (1997) 用序贯估计法研究 $d = 0$ 的情形, Lavielle 和 Moulines (2000) 用同时估计法研究 $0 < d < 0.5$ 的情形. 当 $d = 0$ 时, 注意到 $(\tilde{\mu}_2 - \tilde{\mu}_1) B_0^{(1)}(s) \overset{d}{=} B_0^{(1)}(s(\tilde{\mu}_2 - \tilde{\mu}_1)^2)$, $(\tilde{\mu}_3 - \tilde{\mu}_2) B_0^{(2)}(s) \overset{d}{=} B_0^{(2)}(s(\tilde{\mu}_3 - \tilde{\mu}_2)^2)$, 以及 $B_0^{(1)}(\cdot)$ 和 $B_0^{(2)}(\cdot)$ 增量独立性, 明显可以看出, 定理 2.3 和 2.4 通过变量转换上述结论可以退化至 Bai (1997) 中对应的结论. 当 $0 < d < 0.5$ 时, 由于模型设定错误的原因, 定理 2.3 关于 $\hat{\tau}_1$ 的结论与 Lavielle 和 Moulines (2000) 的结论有所不同; 然而考虑到分数布朗运动的自相似性, 定理 2.4 中关于 $\hat{\tau}_2$ 的结论与 Lavielle 和 Moulines (2000) 的结论是一致的, 这也与我们估计 τ_2^0 时模型正确设定的情况是吻合的.

接下来, 我们讨论 $U(\tau_1^0) = U(\tau_2^0)$ 的情形. $U(\tau_1^0) = U(\tau_2^0)$ 意味着函数 $U(\tau)$ 有两个局部极小值点 τ_1^0 和 τ_2^0, 因此容易推断估计量 $\hat{\tau}$ 将以相同的概率趋于 τ_1^0 或 τ_2^0, Bai (1997) 已证实模型误差为弱相依线性过程时该结论成立, 下文将说明模型误差为 $I(d)$ 过程时该结论依然成立.

定理 2.5　对于模型 (2.1), 若假设 A1~A3 成立, 且 $U(\tau_1^0) = U(\tau_2^0)$, 则估计量 $\hat{\tau}$ 以各 $1/2$ 的概率收敛到 τ_1^0 或 τ_2^0, 收敛速度为 $1/T$. 即存在一个正常数 $M < \infty$, 使得

$$P\left(T|\hat{\tau} - \tau_i^0| \leqslant M\right) \to 1/2, \quad i = 1, 2.$$

对于收缩变点情形, 当 $-0.5 < d < 0$ 时, $\hat{\tau}$ 具有 $T v_T^2 -$ 一致性; 当 $0 \leqslant d < 0.5$ 时, $\hat{\tau}$ 具有 $T v_T^{2/(1-2d)} -$ 一致性.

定理 2.6　对于模型 (2.1), 若假设 A1、A2 和 A5 成立, 且 $p \lim v_T^{-2} [U_T(k_1^0/T) - U_T(k_2^0/T)] = 0$, 则

(1) 当 $-0.5 < d < 0$ 时, $\hat{\tau}$ 以 $1/2$ 的概率收敛到 τ_1^0 或 τ_2^0, 速度为 $1/(T v_T^2)$.

(2) 当 $0 \leqslant d < 0.5$ 时, $\hat{\tau}$ 以 $1/2$ 的概率收敛到 τ_1^0 或 τ_2^0, 速度为 $1/(T v_T^{2/(1-2d)})$.

即, 存在一个正的常数 $M < \infty$, 使得

$$P\left(T|\hat{\tau} - \tau_i^0| \leqslant M v_T^{-2}\right) \to 1/2, \quad -0.5 < d < 0, \tag{2.10}$$

$$P\left(T|\hat{\tau} - \tau_i^0| \leqslant M v_T^{-2/(1-2d)}\right) \to 1/2, \quad 0 \leqslant d < 0.5. \tag{2.11}$$

2.1.2 多变点模型

本节将拓展第 2.1.1 节的内容, 将双变点模型拓展至一般的多变点模型:

$$\begin{cases} y_t = \mu_1 + x_t, & t \leqslant k_1^0, \\ y_t = \mu_2 + x_t, & k_1^0 + 1 \leqslant t \leqslant k_2^0, \\ \cdots\cdots \\ y_t = \mu_{m+1} + x_t, & k_m^0 + 1 \leqslant t \leqslant T, \end{cases} \tag{2.12}$$

其中, μ_j 是第 j 部分的均值, $k_i^0 = \lfloor T\tau_i^0 \rfloor$ 且 $k_{m+1}^0 = T$, $\tau_{m+1}^0 = 1$. 在本节中, 假定变点个数 m 是已知的, 且模型误差 x_t 满足假设 A1. 估计方法依然是序贯最小二乘法.

本节中将使用的记号, 如 $S_T(k), U_T(\tau), U(\tau), \hat{k}, \hat{\tau}$, 与上一节的定义相同. 此外, 需要预先给出与假设 A2, A4 和 A6 类似的条件:

- 假设 A7: 对 $i = 1, \cdots, m$, $\mu_i \neq \mu_{i+1}$, 且 $0 < \tau_1^0 < \cdots < \tau_m^0 < 1$.

- 假设 A8: 存在某个 i 使得对所有的 $j \neq i$ 有 $U(\tau_i^0) < U(\tau_j^0)$.

- 假设 A9: 对假设 A4 中给出的 v_T, 存在某个 i 使得对所有的 $j \neq i$ 有

$$p\lim v_T^{-2}[U_T(k_i^0/T) - U_T(k_j^0/T)] < 0.$$

为了不被混淆, 在假设 A7 或 A8 成立时, 记 $\hat{\tau}_i = \hat{\tau}$, $\hat{k}_i = \hat{k}$. 对于固定变点情形, $\hat{\tau}_i$ 是 $T-$ 一致的.

定理 2.7 对于模型 (2.12), 若假设 A1, A3, A7 和 A8 成立, 则 $\hat{\tau}_i$ 是 τ_i^0 的 $T-$ 一致估计量.

在假设 A8 下, 我们首先在总样本区间内推导了一个变点估计量 $\hat{k}_i$, $\hat{k}_i$ 将样本区间分割成两个子样本区间: $[1, \hat{k}_i], [\hat{k}_i + 1, T]$. 若在 $[1, \hat{k}_i]$ 内存在变点, 则通过在 $[1, \hat{k}_i]$ 内最小化 $S_{\hat{k}_i}(\cdot)$

可以获得 $[1,\hat{k}_i]$ 内的变点估计量; $[\hat{k}_i+1,T]$ 同理. 因此, 在第二轮估计中可以获得一个或两个变点估计量. 依此类推, 重复该估计步骤直到所有的子样本区间内都不含有变点, 此时还可以估计出变点的个数, 且所有的变分点估计量 $\hat{\tau}_i$ 都是 $T-$ 一致的.

对于收缩变点情形, 下列定理给出了当 $0 \leqslant d < 0.5$ 时 $\hat{\tau}_i$ 的收敛速度和极限分布.

定理 2.8　对于模型 (2.12), 若假设 A1、A5、A7 和 A9 成立, 当 $0 \leqslant d < 0.5$ 时,

$$T v_T^{2/(1-2d)}(\hat{\tau}_i - \tau_i^0) \xrightarrow{d} \arg\min_s \Gamma_i(s, \lambda_i),$$

其中,

$$\Gamma_i(s,\lambda) = \begin{cases} 2\kappa(d)\sigma_u(\tilde{\mu}_{i+1}-\tilde{\mu}_i)B_d^{(i)}(s) - s(\tilde{\mu}_{i+1}-\tilde{\mu}_i)^2(1+\lambda), & s<0, \\ 0, & s=0, \\ 2\kappa(d)\sigma_u(\tilde{\mu}_{i+1}-\tilde{\mu}_i)B_d^{(i)}(s) + s(\tilde{\mu}_{i+1}-\tilde{\mu}_i)^2(1-\lambda), & s>0, \end{cases}$$

$\kappa(d)$ 的定义见式 (1.2), $B_d^{(i)}(\cdot)$ 是一个双边分数布朗运动,

$$\lambda_i = \frac{1}{\tilde{\mu}_{i+1}-\tilde{\mu}_i}\left[\frac{1}{1-\tau_i^0}\sum_{j=i+1}^{m}(1-\tau_j^0)(\tilde{\mu}_{j+1}-\tilde{\mu}_j) - \frac{1}{\tau_i^0}\sum_{j=1}^{i-1}\tau_j^0(\tilde{\mu}_{j+1}-\tilde{\mu}_j)\right].$$

注 2.8　Bai (1997) 中提到

$$\lambda_i = \frac{1}{\tilde{\mu}_{i+1}-\tilde{\mu}_i}\left[\frac{1}{1-\tau_i^0}\sum_{j=i+1}^{m}(1-\tau_j^0)(\tilde{\mu}_{j+1}-\tilde{\mu}_j) + \frac{1}{\tau_i^0}\sum_{j=1}^{i-1}\tau_j^0(\tilde{\mu}_{j+1}-\tilde{\mu}_j)\right],$$

事实上该式存在错误, λ_i 具体的计算过程见证明部分.

注 2.9　在实际应用中, 变点个数往往是未知的. 然而, 正如 Bai (1997) 所言, 可以将序贯估计法与假设检验 (如 Shao (2011), Iacone 等 (2017) 或 Betken (2016)) 相结合, 从而可以同时估计出变点的个数和位置. 具体操作如下: 当首次确定一个变点位置后, 记该变点的估计量为 $\hat{k}$, 将整个样本区间 $[1,T]$ 划分为两个子样本区间 $[1,\hat{k}]$ 和 $[\hat{k}+1,T]$; 然后在这两个子样本区间内进行参数不变性假设检验, 若拒绝原假设则表明该子样本区间内存在变点, 并估计该变点. 在由新的变点估计量划分的新子样本区间内继续做参数不变检验, 判断是否存在变点, 并估计变点. 不断重复此操作, 直到在所有的子样本区间内都检验不到新变点为止. 最后, 变点的个数则为最终的子样本区间数减 1. 关于此过程的理论部分本书并未涉及, 留待之后研究.

2.2 数据模拟

为了验证理论分析的结果, 我们做了如下的数据模拟实验以观察估计量的小样本性质. 与 Kuan 和 Hsu (1998) 以及 Hsu 和 Kuan (2008) 一样, 通过 McLeod 等 (1978) 和 Hosking (1984) 中提到的方法生成 $I(d)$ 过程 $\{x_t\}$. 在实验一和实验二中, 设定样本量 $T = 300$, 实验重复次数为 10000. 两个变点分别位于总样本 1/3 和 2/3 处, 即 $k_1^0 = 100, k_2^0 = 200, \tau_1^0 = 1/3$, $\tau_2^0 = 2/3$. 分别在 $d \in \{-0.25, 0, 0.25\}$ 时在 $\{1, \cdots, T-1\}$ 之间寻找 $\hat{k}$.

2.2.1 实验一

首先, 针对定理 2.1 中 $\hat{k}_1$ 和 $\hat{k}_2$ 的性质展开实验. 设定四种均值参数情形, 即 (μ_1, μ_2, μ_3) 分别为 $(-2, 0, 1), (2, 0, -1), (-2, 0, -1), (2, 0, 1)$. 这四类取值分别体现了从 μ_1 到 μ_2 和从 μ_2 到 μ_3 的不同均值变化情形, 且在这四类情形下都有 $U(\tau_1^0) < U(\tau_2^0)$.

图 2.1~ 图 2.4分别显示了 $(\mu_1, \mu_2, \mu_3) = (-2, 0, 1), (2, 0, -1), (-2, 0, -1)$ 和 $(2, 0, 1)$ 时 $\hat{k}_1$ 和 $\hat{k}_2$ 的直方图. 由四组图可以看出: (1) 当 $d = -0.25, 0$ 或 0.25 时, $\hat{k}_1$ 和 $\hat{k}_2$ 都分别聚集到 k_1^0 和 k_2^0, 与定理 2.1 的结论吻合; (2) $\hat{k}_1$ 和 $\hat{k}_2$ 的分布不对称, $\hat{k}_1$ 分布的不对称性尤为明显, 与定理 2.3 和定理 2.4 的叙述相吻合; (3) 图 2.1和图 2.2中 $\hat{k}_1$ 的分布都是右偏的, 这与定理 2.3 的结论相符, 因为此时 λ_1 的值是正的. 相反, 当 $(\mu_1, \mu_2, \mu_3) = (-2, 0, -1)$ 或 $(\mu_1, \mu_2, \mu_3) = (2, 0, 1)$ 时, λ_1 的值是负的, 此时 $\hat{k}_1$ 呈左偏分布, 如图 2.3和图 2.4所示.

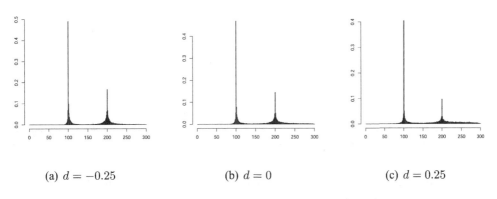

(a) $d = -0.25$ (b) $d = 0$ (c) $d = 0.25$

图 2.1 当 $(\mu_1, \mu_2, \mu_3) = (-2, 0, 1)$ 时, d 的不同取值下 $\hat{k}_1$ 和 $\hat{k}_2$ 的直方图

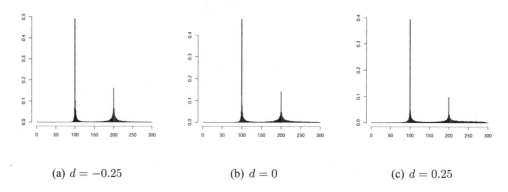

(a) $d = -0.25$　　　　　(b) $d = 0$　　　　　(c) $d = 0.25$

图 2.2　当 $(\mu_1, \mu_2, \mu_3) = (2, 0, -1)$ 时, d 的不同取值下 $\hat{k}_1$ 和 $\hat{k}_2$ 的直方图

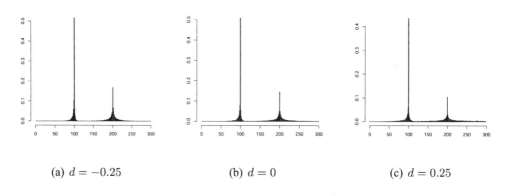

(a) $d = -0.25$　　　　　(b) $d = 0$　　　　　(c) $d = 0.25$

图 2.3　当 $(\mu_1, \mu_2, \mu_3) = (-2, 0, -1)$ 时, d 的不同取值下 $\hat{k}_1$ 和 $\hat{k}_2$ 的直方图

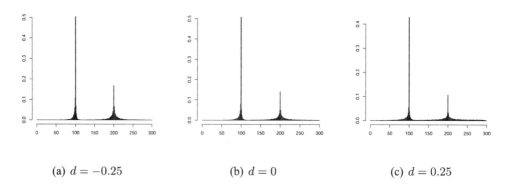

(a) $d = -0.25$　　　　　(b) $d = 0$　　　　　(c) $d = 0.25$

图 2.4　当 $(\mu_1, \mu_2, \mu_3) = (2, 0, 1)$ 时, d 的不同取值下 $\hat{k}_1$ 和 $\hat{k}_2$ 的直方图

2.2.2 实验二

接着, 我们观察定理 2.5 中 $\hat{k}$ 的有限样本表现. 同样地设定四种 (μ_1, μ_2, μ_3) 的取值: $(-1, 0, 1)$, $(1, 0, -1)$, $(-1, 0, -1)$ 和 $(1, 0, 1)$, 显然, 在这四种情形下 $U(\tau_1^0) = U(\tau_2^0)$.

图 2.5~ 图 2.8 显示了当 $(\mu_1, \mu_2, \mu_3) = (-1, 0, 1)$, $(1, 0, -1)$, $(-1, 0, -1)$ 和 $(1, 0, 1)$ 时, $\hat{k}$ 的直方图. 由这四组图可知: (1) 直观上看, $\hat{k}$ 全部以相同的概率聚集于 k_1^0 和 k_2^0 处, 与定理 2.5 吻合; (2) 当 $(\mu_1, \mu_2, \mu_3) = (-1, 0, 1)$ 或 $(1, 0, -1)$ 时, $\lambda_1 > 0$, 聚集到 k_1^0 附近的 $\hat{k}$ 呈右偏态, 聚集到 k_2^0 处的 $\hat{k}$ 呈左偏态; (3) 当 $(\mu_1, \mu_2, \mu_3) = (-1, 0, -1)$ 或 $(1, 0, 1)$ 时, $\lambda_1 < 0$, 聚集到 k_1^0 附近的 $\hat{k}$ 呈左偏态, 聚集到 k_2^0 处的 $\hat{k}$ 呈右偏态.

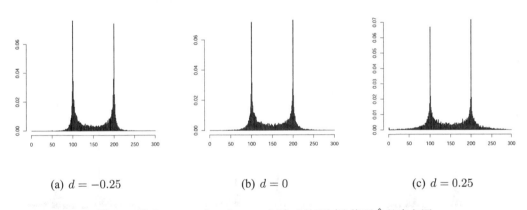

(a) $d = -0.25$ (b) $d = 0$ (c) $d = 0.25$

图 2.5 当 $(\mu_1, \mu_2, \mu_3) = (-1, 0, 1)$ 时, d 的不同取值下 $\hat{k}$ 的直方图

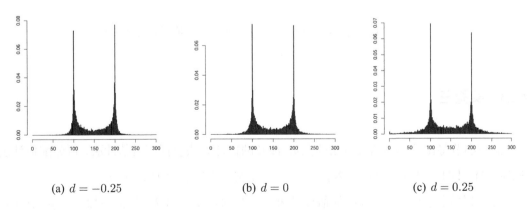

(a) $d = -0.25$ (b) $d = 0$ (c) $d = 0.25$

图 2.6 当 $(\mu_1, \mu_2, \mu_3) = (1, 0, -1)$ 时, d 的不同取值下 $\hat{k}$ 的直方图

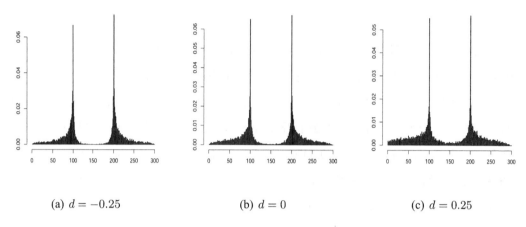

(a) $d = -0.25$　　　　　(b) $d = 0$　　　　　(c) $d = 0.25$

图 2.7　当 $(\mu_1, \mu_2, \mu_3) = (-1, 0, -1)$ 时, d 的不同取值下 $\hat{k}$ 的直方图

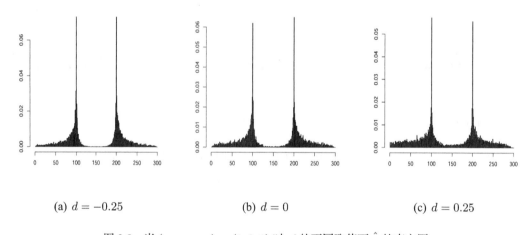

(a) $d = -0.25$　　　　　(b) $d = 0$　　　　　(c) $d = 0.25$

图 2.8　当 $(\mu_1, \mu_2, \mu_3) = (1, 0, 1)$ 时, d 的不同取值下 $\hat{k}$ 的直方图

2.2.3　实验三

这一小节将比较不同估计方法的优劣, 涉及的估计方法包括序贯估计法、再分配估计法 (见注 2.6)、同时估计法. 设定样本容量 $T = 300$, 实验重复次数为 1000 次.

表 2.1 分别反映了三类方法的估计结果及各自对应的标准差, 均值参数 $(\mu_1, \mu_2, \mu_3) = (-2, 2, -1)$, 两个变点位置 $k_1^0 = 100$ 和 $k_2^0 = 200$ (即 $\tau_1^0 = 1/3, \tau_2^0 = 2/3$).

表 2.1 不同估计方法下的估计结果

d	估计方法	$\hat{\tau}_1$	$\mathrm{sd}(\hat{\tau}_1)$	$\hat{\tau}_2$	$\mathrm{sd}(\hat{\tau}_2)$
	序贯法	0.33204	13.8540×10^{-5}	0.66647	1.2074×10^{-4}
-0.25	再分配法	0.33340	3.4426×10^{-5}	0.66671	1.1752×10^{-4}
	同时估计法	0.33327	4.4703×10^{-5}	0.66673	1.0892×10^{-4}
	序贯法	0.33203	38.8815×10^{-5}	0.66685	3.2788×10^{-4}
0	再分配法	0.33328	5.4471×10^{-5}	0.66680	1.6839×10^{-4}
	同时估计法	0.33337	4.4853×10^{-5}	0.66685	1.5159×10^{-4}
	序贯法	0.34913	25.8939×10^{-4}	0.67850	15.9910×10^{-4}
0.25	再分配法	0.33950	14.24568×10^{-4}	0.67052	10.6232×10^{-4}
	同时估计法	0.33362	1.6224×10^{-4}	0.66672	4.4075×10^{-4}

通过表 2.1 可以看出: (1) 三种估计方法的估计精度都很高, 其中同时估计法的精确性最高, 序贯法的精度略低; (2) 当 $d = -0.25$ 或 0 时, 再分配法与同时统计法的估计效果相当.

图 2.9 显示了在多变点模型下, 随着变点数的增加, 序贯法和同时估计法的平均计算时间变化趋势. 其中, 记忆参数 $d = -0.25, 0, 0.25$, 均值参数 $\mu_1 = -2, \mu_2 = 2, \mu_3 = -1, \mu_4 = 1, \mu_5 = 0, \mu_6 = 0.5$.

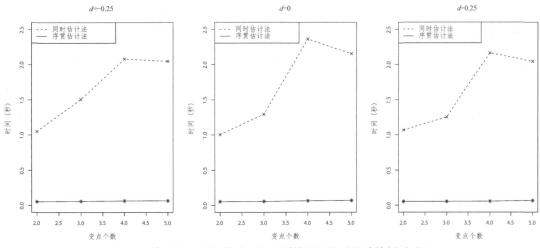

图 2.9 序贯法与同时估计法在不同情形下的平均计算耗时对比

由图 2.9 可以看出: (1) 当变点个数相同时, 无论 d 的取值是多少, 序贯法的计算效率远远高于同时估计法; (2) 随着变点个数的增加, 同时估计法的平均计算时间显著上升, 而序贯法的平均耗时几乎维持不变.

2.3 实证分析

实证研究表明许多股票数据都含有长记忆性, 我们选取招商银行从 2014 年 3 月 3 日至 2015 年 7 月 31 日的收盘价进行分析, 共包含 345 个数据, 其走势图如图 2.10所示. 直观上看, 招商银行从 2014 年 3 月 3 日到 2015 年 7 月 31 日的收盘价较稳定, 但有两次明显的跳动, 因此我们判断这是一个含有双均值变点的序列. 首先, 我们先对序列的长记忆性进行分析, 采用 R/S 法 (见 Mandelbrot 和 Wallis, 1969; Taqqu 和 Teverovsky, 1998) 对记忆参数 d 进行估计, 得出该序列记忆参数 d 的估计量 $\hat{d} = 0.374$, 即说明该序列具有长记忆性. 接着, 使用第 2.1.1小结中的序贯最小二乘法对序列进行变点估计, 样本量 $T = 345$, 算出两个变点分别为 $\hat{k}_1 = 188$ 和 $\hat{k}_2 = 267$, 其对应的日期分别为 2014 年 12 月 3 日和 2015 年 4 月 2 日. 同时可以计算出招商银行股票收盘价均值在两次变点后持续上涨: 从 2014 年 3 月 3 日至 2014 年 12 月 3 日, 招商银行的收盘价均值为 10.35 元; 从 2014 年 12 月 4 日至 2015 年 4 月 2 日, 招商银行的收盘价均值为 14.92 元, 较上一阶段平均涨幅为 4.57 元; 从 2015 年 4 月 13 日至 2015 年 7 月 31 日, 招商银行的收盘价均值为 18.39 元, 较上一阶段平均涨幅为 3.47 元. 如图 2.11 所示.

结合实际, 2014 年 11 月中下旬沪港通正式上线, 11 月末央行下调了金融机构人民币贷款和人民币存款的基准利率, 12 月初沪指在时隔近 44 个月后重新站上 3000 点关口……这一系列重大政策的颁布和重要事件的发生强烈鼓舞了 A 股市场, 而招商银行作为权重股在 2014 年 12 月初价格上涨也是符合市场规律的, 与我们的理论估计基本一致. 2015 年 4 月 2 日, 招商银行筹划重大事项并于 2015 年 4 月 3 日开市起停牌, 于 2015 年 4 月 13 日复牌. 由于招商银行的利好消息, 增加了市场的投资信心, 使得复牌后股票价格上涨, 这与我们的理论估计也是一致的.

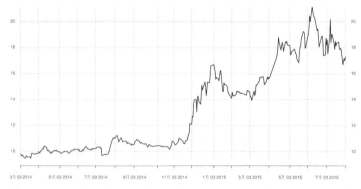

图 2.10 2014 年 3 月 3 日到 2015 年 7 月 31 日的招商银行收盘价走势图

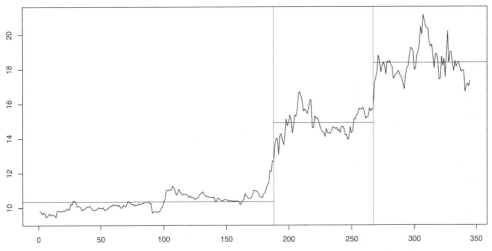

图 2.11 2014 年 3 月 3 日到 2015 年 7 月 31 日的招商银行收盘价数据分析

2.4 证明

2.4.1 第 2.1.1 节的证明

本节将给出双变点模型 (2.1) 的证明. 在证明之前, 需要引入 Bai (1997) 中的一些公式[1]:

$$
U_T(k/T) = \frac{k_1^0 - k}{T} a_T^2(k) + \frac{k_2^0 - k_1^0}{T} b_T^2(k) + \frac{T - k_2^0}{T} c_T^2(k) + \frac{1}{T} \sum_{t=1}^{T} x_t^2
$$
$$
+ R_{1T}(k), \qquad k \in [1, k_1^0], \tag{2.13}
$$

$$
U_T(k/T) = \frac{k_1^0}{T} d_T^2(k) + \frac{k - k_1^0}{T} e_T^2(k) + \frac{k_2^0 - k}{T} f_T^2(k) + \frac{T - k_2^0}{T} g_T^2(k)
$$
$$
+ \frac{1}{T} \sum_{t=1}^{T} x_t^2 + R_{2T}(k), \qquad k \in [k_1^0 + 1, k_2^0], \tag{2.14}
$$

$$
U_T(k/T) = \frac{k_1^0}{T} h_T^2(k) + \frac{k_2^0 - k_1^0}{T} p_T^2(k) + \frac{k - k_2^0}{T} q_T^2(k) + \frac{1}{T} \sum_{t=1}^{T} x_t^2
$$
$$
+ R_{3T}(k), \qquad k \in [k_2^0 + 1, T], \tag{2.15}
$$

---

[1] Bai (1997) 中 $R_{iT}(k)(i = 1, 2)$ 的表达式比较复杂, 经过计算可以发现 Bai (1997) 中 $R_{1T}(k)$ 和 $R_{2T}(k)$ 的第二项实际上为零.

其中,

$$
\begin{cases}
a_T(k) = \dfrac{1}{T-k}[(T-k_1^0)(\mu_1-\mu_2)+(T-k_2^0)(\mu_2-\mu_3)], \ \ k \in [1,k_1^0] \\[2mm]
b_T(k) = \dfrac{1}{T-k}[(k_1^0-k)(\mu_2-\mu_1)+(T-k_2^0)(\mu_2-\mu_3)], \ \ k \in [1,k_1^0] \\[2mm]
c_T(k) = \dfrac{1}{T-k}[(k_1^0-k)(\mu_2-\mu_1)+(k_2^0-k)(\mu_3-\mu_2)], \ \ k \in [1,k_1^0] \\[2mm]
d_T(k) = \dfrac{1}{k}[(k-k_1^0)(\mu_1-\mu_2)], \ \ k \in [k_1^0+1,k_2^0] \\[2mm]
e_T(k) = \dfrac{1}{k}[k_1^0(\mu_2-\mu_1)], \ \ k \in [k_1^0+1,k_2^0] \\[2mm]
f_T(k) = \dfrac{1}{T-k}[(T-k_2^0)(\mu_2-\mu_3)], \ \ k \in [k_1^0+1,k_2^0] \\[2mm]
g_T(k) = \dfrac{1}{T-k}[(k_2^0-k)(\mu_3-\mu_2)], \ \ k \in [k_1^0+1,k_2^0] \\[2mm]
h_T(k) = \dfrac{1}{k}[(k-k_1^0)(\mu_1-\mu_2)+(k-k_2^0)(\mu_2-\mu_3)], \ \ k \in [k_2^0+1,T] \\[2mm]
p_T(k) = \dfrac{1}{k}[k_1^0(\mu_2-\mu_1)+(k-k_2^0)(\mu_2-\mu_3)], \ \ k \in [k_2^0+1,T] \\[2mm]
q_T(k) = \dfrac{1}{k}[k_1^0(\mu_2-\mu_1)+k_2^0(\mu_3-\mu_2)], \ \ k \in [k_2^0+1,T]
\end{cases}, \tag{2.16}
$$

$$
\begin{aligned}
R_{1T}(k) =& \frac{1}{T}\left[2a_T(k)\sum_{t=k+1}^{k_1^0}x_t + 2b_T(k)\sum_{t=k_1^0+1}^{k_2^0}x_t + 2c_T(k)\sum_{t=k_2^0+1}^{T}x_t\right] \\
& -\frac{k}{T}(A_T(k))^2 - \frac{T-k}{T}(A_T^*(k))^2, \ \ k \in [1,k_1^0],
\end{aligned} \tag{2.17}
$$

$$
\begin{aligned}
R_{2T}(k) =& \frac{1}{T}\left[2d_T(k)\sum_{t=1}^{k_1^0}x_t + 2e_T(k)\sum_{t=k_1^0+1}^{k}x_t + 2f_T(k)\sum_{t=k+1}^{k_2^0}x_t + 2g_T(k)\sum_{t=k_2^0+1}^{T}x_t\right] \\
& -\frac{k}{T}(A_T(k))^2 - \frac{T-k}{T}(A_T^*(k))^2, \ \ k \in [k_1^0+1,k_2^0],
\end{aligned} \tag{2.18}
$$

$$
\begin{aligned}
R_{3T}(k) =& \frac{1}{T}\left[2h_T(k)\sum_{t=1}^{k_1^0}x_t + 2p_T(k)\sum_{t=k_1^0+1}^{k_2^0}x_t + 2q_T(k)\sum_{t=k_2^0+1}^{k}x_t\right] \\
& -\frac{k}{T}(A_T(k))^2 - \frac{T-k}{T}(A_T^*(k))^2, \ \ k \in [k_2^0+1,T],
\end{aligned} \tag{2.19}
$$

$$
A_T(k) = \frac{1}{k}\sum_{t=1}^{k}x_t, \quad A_T^*(k) = \frac{1}{T-k}\sum_{t=k+1}^{T}x_t.
$$

引理 2.4给出了 $R_{iT}(k)$ $(i=1,2,3)$ 的界.

引理 2.4 若 $x_t \sim I(d)$ 且 $-0.5 < d < 0.5$,则对于 $k,\, i = 1, 2, 3$,有

$$R_{iT}(k) = O_p(T^{-0.5+d}).$$

证明 显然,式 (2.16) 中的项 $a_T(k), \cdots, q_T(k)$ 关于 T 和 k 均一致有界.

首先我们考虑 $R_{1T}(k)$. 由性质 R4 可知,$\sum\limits_{t=k_1^0+1}^{k_2^0} x_t = O_p(T^{0.5+d})$ 且 $\sum\limits_{t=k_2^0+1}^{T} x_t = O_p(T^{0.5+d})$,
因此

$$\frac{1}{T}\sum_{t=k_1^0+1}^{k_2^0} x_t = O_p(T^{-0.5+d}), \quad \frac{1}{T}\sum_{t=k_2^0+1}^{T} x_t = O_p(T^{-0.5+d}). \tag{2.20}$$

此外,由泛函中心极限定理可得

$$\frac{1}{T}\sup_{1 \leqslant k \leqslant k_1^0}\sum_{t=k+1}^{k_1^0} x_t = O_p(T^{-0.5+d}).$$

最后,由引理 1.1 和泛函中心极限定理分别可得:

$$\sup_{1 \leqslant k \leqslant k_1^0}\left|\frac{k}{T}(A_T(k))^2\right| = \frac{1}{T}\left(\sup_{1 \leqslant k \leqslant k_1^0}\frac{1}{\sqrt{k}}\left|\sum_{t=1}^{k} x_t\right|\right)^2 = \begin{cases} O_p(\frac{\log T}{T}), -0.5 < d \leqslant 0, \\ O_p(T^{-1+2d}), 0 < d < 0.5, \end{cases} \tag{2.21}$$

和

$$\begin{aligned}
\sup_{1 \leqslant k \leqslant k_1^0}\left|\frac{T-k}{T}(A_T^*(k))^2\right| &= \frac{1}{T}\left(\sup_{1 \leqslant k \leqslant k_1^0}\frac{1}{\sqrt{T-k}}\left|\sum_{t=k+1}^{T} x_t\right|\right)^2 \\
&\leqslant \frac{1}{T(T-k_1^0)}\left(\sup_{1 \leqslant k \leqslant T-1}\left|\sum_{t=k+1}^{T} x_t\right|\right)^2 \\
&= O_p(T^{-1+2d}). \tag{2.22}
\end{aligned}$$

综合式 (2.20) ~ 式 (2.22) 可知

$$\sup_{1 \leqslant k \leqslant k_1^0}|R_{1T}(k)| = O_p(T^{-0.5+d}).$$

同理可证:

$$\sup_{k_1^0+1 \leqslant k \leqslant k_2^0}|R_{2T}(k)| = O_p(T^{-0.5+d}), \quad \sup_{k_2^0+1 \leqslant k \leqslant T}|R_{3T}(k)| = O_p(T^{-0.5+d}).$$

引理 2.4 得证.

首先我们证明 $U(\tau_1^0) < U(\tau_2^0)$ 情形下的结论, 先对变点固定时的结论给予证明.

引理 2.1的证明: 由于非随机项 $a_T(k), \cdots, q_T(k)$ 均一致有界, 又由性质 R5 可知 $\frac{1}{T}\sum_{t=1}^{T} x_t^2$ 依概率收敛到其期望, 由引理 2.4可知 $R_{iT}(k)$ 依概率一致收敛到 0. 由此可知 $U_T(\tau)$ 一致收敛.

引理 2.5 对于模型 (2.1), 若假设 A1~A3 成立, 那么

$$\sup_{1 \leqslant k \leqslant T} \left| \left[U_T(k/T) - \frac{1}{T}\sum_{t=1}^{T} x_t^2 \right] - \left[EU_T(k/T) - \frac{1}{T}\sum_{t=1}^{T} Ex_t^2 \right] \right| = O_p(T^{-0.5+d}).$$

证明 $R_{iT}(k), i = 1,2,3$ 是 $U_T(k/T) - \frac{1}{T}\sum_{t=1}^{T} x_t^2$ 中唯一的随机项, 且由引理 2.4可知 $R_{iT}(k)$, $i = 1,2,3$ 的阶为 $O_p(T^{-0.5+d})$. 此外, 由性质 R4 可知 $ER_{iT}(k), i = 1,2,3$ 的阶比 $O(T^{-0.5+d})$ 小. 综上所述, 引理 2.5得证.

引理 2.5表明 $U_T(k/T) - \frac{1}{T}\sum_{t=1}^{T} x_t^2$ 一致收敛到其期望. 那么根据 Bai (1997), 若其期望有极小值点, 那么该随机函数将以大概率在该极小值点的邻域取得极小值. 为说明该点, 需要先证明如下几个引理.

引理 2.6 对于模型 (2.1), 若假设 A1~A3 成立, 则对 $i = 1,2,3$, 有

$$T|ER_{iT}(k) - ER_{iT}(k_1^0)| = \begin{cases} |k_1^0 - k| \cdot O(T^{-1}), & -0.5 < d \leqslant 0, \\ |k_1^0 - k| \cdot O(T^{-1+2d}), & 0 < d < 0.5. \end{cases}$$

证明 我们主要介绍 $i = 1$ 时的证明, 其他情形的证明都类似.

$$T|ER_{1T}(k) - ER_{1T}(k_1^0)|$$
$$= \left| E\left[k(A_T(k))^2 - k_1^0(A_T(k_1^0))^2 \right] - E\left[(T-k)(A_T^*(k))^2 - (T-k_1^0)(A_T^*(k_1^0))^2 \right] \right|$$
$$\leqslant \left| E\left[k(A_T(k))^2 - k_1^0(A_T(k_1^0))^2 \right] \right| + \left| E\left[(T-k)(A_T^*(k))^2 - (T-k_1^0)(A_T^*(k_1^0))^2 \right] \right|. \quad (2.23)$$

当 $k < k_1^0$ 时, 有

$$k(A_T(k))^2 - k_1^0(A_T(k_1^0))^2$$
$$= (k_1^0 - k)\left[\frac{1}{k_1^0 k}\left(\sum_{t=1}^{k} x_t \right)^2 - \frac{2}{(k_1^0-k)k_1^0}\left(\sum_{t=1}^{k} x_t \right)\left(\sum_{t=k+1}^{k_1^0} x_t \right) \right.$$
$$\left. - \frac{1}{k_1^0(k_1^0-k)}\left(\sum_{t=k+1}^{k_1^0} x_t \right)^2 \right]. \quad (2.24)$$

因此, 结合引理 1.3 和式 (1.3), 有

$$
\begin{aligned}
& \left| E\left[k(A_T(k))^2 - k_1^0 (A_T(k_1^0))^2 \right] \right| \\
= &
\begin{cases}
(k_1^0 - k) \left| O\left(\dfrac{k^{2d}}{T}\right) - O\left(\dfrac{1}{T}\right) - O\left(\dfrac{(k_1^0 - k)^{2d}}{T}\right) \right|, & d < 0 \\[3mm]
(k_1^0 - k) \left| O\left(\dfrac{k^{2d}}{T}\right) - O\left(\dfrac{(k_1^0 - k)^{2d}}{T}\right) \right|, & d = 0 \\[3mm]
(k_1^0 - k) \left| O\left(\dfrac{k^{2d}}{T}\right) - O\left(\dfrac{k^{2d}}{T}\right) - O\left(\dfrac{(k_1^0 - k)^{2d}}{T}\right) \right|, & d > 0
\end{cases} \\[3mm]
\leqslant &
\begin{cases}
|k_1^0 - k| \cdot O(T^{-1}), & d < 0, \\
|k_1^0 - k| \cdot O(T^{-1}), & d = 0, \\
|k_1^0 - k| \cdot O(T^{-1+2d}), & d > 0.
\end{cases}
\end{aligned}
\tag{2.25}
$$

当 $k \geqslant k_1^0$ 时,

$$
\begin{aligned}
& k(A_T(k))^2 - k_1^0 (A_T(k_1^0))^2 \\
= & (k - k_1^0) \left[-\frac{1}{k_1^0 k} \left(\sum_{t=1}^{k_1^0} x_t \right)^2 + \frac{2}{(k - k_1^0)k} \left(\sum_{t=1}^{k_1^0} x_t \right) \left(\sum_{t=k_1^0+1}^{k} x_t \right) \right. \\
& \left. + \frac{1}{k(k - k_1^0)} \left(\sum_{t=k_1^0+1}^{k} x_t \right)^2 \right].
\end{aligned}
$$

结合引理 1.3 和式 (1.3), 有

$$
\begin{aligned}
& \left| E\left[k(A_T(k))^2 - k_1^0 (A_T(k_1^0))^2 \right] \right| \\
= &
\begin{cases}
(k - k_1^0) \left| -O\left(\dfrac{T^{2d}}{T}\right) + O\left(\dfrac{1}{T}\right) + O\left(\dfrac{(k - k_1^0)^{2d}}{T}\right) \right|, & d < 0 \\[3mm]
(k - k_1^0) \left| -O\left(\dfrac{T^{2d}}{T}\right) + O\left(\dfrac{(k - k_1^0)^{2d}}{T}\right) \right|, & d = 0 \\[3mm]
(k - k_1^0) \left| -O\left(\dfrac{T^{2d}}{T}\right) + O\left(\dfrac{T^{2d}}{T}\right) + O\left(\dfrac{(k - k_1^0)^{2d}}{T}\right) \right|, & d > 0
\end{cases} \\[3mm]
\leqslant &
\begin{cases}
|k_1^0 - k| \cdot O(T^{-1}), & d < 0, \\
|k_1^0 - k| \cdot O(T^{-1}), & d = 0, \\
|k_1^0 - k| \cdot O(T^{-1+2d}), & d > 0.
\end{cases}
\end{aligned}
\tag{2.26}
$$

综合式 (2.25) 和式 (2.26) 可得

$$\left| E\left[k(A_T(k))^2 - k_1^0(A_T(k_1^0))^2 \right] \right| = \begin{cases} |k_1^0 - k| \cdot O(T^{-1}), & d \leqslant 0, \\ |k_1^0 - k| \cdot O(T^{-1+2d}), & d > 0. \end{cases} \tag{2.27}$$

同理可得

$$\left| E\left[(T-k)(A_T^*(k))^2 - (T-k_1^0)(A_T^*(k_1^0))^2 \right] \right| = \begin{cases} |k_1^0 - k| \cdot O(T^{-1}), & d \leqslant 0, \\ |k_1^0 - k| \cdot O(T^{-1+2d}), & d > 0. \end{cases} \tag{2.28}$$

综合式 (2.23)、式 (2.27) 和式 (2.28) 可得

$$T|ER_{1T}(k) - ER_{1T}(k_1^0)| = \begin{cases} |k_1^0 - k| \cdot O(T^{-1}), & d \leqslant 0, \\ |k_1^0 - k| \cdot O(T^{-1+2d}), & d > 0. \end{cases}$$

引理得证.

引理 2.7 对模型 (2.1), 若假设 A1~A3 成立, 则存在一个有限正常数 M, 使得

$$ES_T(k) - ES_T(k_1^0) \geqslant T[ER_{1T}(k) - ER_{1T}(k_1^0)] \geqslant \begin{cases} -M|k_1^0 - k|/T, & d \leqslant 0, \\ -M|k_1^0 - k|/T^{1-2d}, & d > 0, \end{cases}$$

$$ES_T(k) - ES_T(k_2^0) \geqslant T[ER_{3T}(k) - ER_{3T}(k_2^0)] \geqslant \begin{cases} -M|k_2^0 - k|/T, & d \leqslant 0, \\ -M|k_2^0 - k|/T^{1-2d}, & d > 0. \end{cases}$$

证明 可直接参考 Bai (1997) 中引理 13 的证明.

引理 2.8 对于模型 (2.1), 若假设 A1~A3 成立, 则存在某个常数 $C > 0$, 使得对于足够大的 T 有

$$ES_T(k) - ES_T(k_1^0) \geqslant C|k - k_1^0|, \quad k \leqslant k_1^0.$$

证明 证明与 Bai (1997) 中引理 14 的证明类似, 主要用到引理 2.7 和对任意 $-0.5 < d < 0.5$ 有 $M|k_1^0 - k|/T^{1-2d} = o(|k_1^0 - k|)$ 的事实.

引理 2.9 对于模型 (2.1), 若假设 A1~A3 成立, 那么存在一个仅与 τ_i^0 和 μ_j ($i = 1, 2; j = 1, 2, 3$) 有关的常数 $C > 0$, 使得对于足够大的 T, 以下结论成立:

$$ES_T(k) - ES_T(k_1^0) \geqslant C|k - k_1^0|.$$

证明 当 $k \leqslant k_1^0$ 时, 引理 2.9 可直接由引理 2.8 推导而得.

当 $k > k_1^0$ 时, 引理 2.9 的证明思路与 Bai (1997) 中引理 3 的证明思路一致, 其中部分细节有所不同. 当 $k \in [k_1^0 + 1, k_2^0]$ 时, Bai (1997) 已证:

$$ES_T(k) - ES_T(k_1^0) \geqslant (k - k_1^0)\frac{k_2^0}{k}C^* - (k - k_1^0)O(T^{-1}) + T\left[ER_{2T}(k) - ER_{2T}(k_1^0)\right],$$

其中, C^* 是一个正常数, 定义参见 Bai (1997). 注意到当 $k \in [k_1^0 + 1, k_2^0]$ 时, $k_2^0/k \geqslant 1$. 且由引理 2.6 可知

$$T\left[ER_{2T}(k) - ER_{2T}(k_1^0)\right] = o(|k - k_1^0|), \quad -0.5 < d < 0.5.$$

因此, 对充分大的 T, 有

$$ES_T(k) - ES_T(k_1^0) \geqslant (k - k_1^0)C^*/2. \tag{2.29}$$

当 $k \in [k_2^0 + 1, T]$ 时, 将 $k = k_2^0$ 代入式 (2.29), 结合引理 2.7, 则对足够大的 T, 有

$$
\begin{aligned}
& ES_T(k) - ES_T(k_1^0) \\
= \ & ES_T(k) - ES_T(k_2^0) + ES_T(k_2^0) - ES_T(k_1^0) \\
\geqslant \ & ES_T(k_2^0) - ES_T(k_1^0) - \begin{cases} M|T - k_2^0|/T, & -0.5 < d \leqslant 0 \\ M|T - k_2^0|/T^{1-2d}, & 0 < d < 0.5. \end{cases}
\end{aligned}
$$

注意到 $M|T - k_2^0|/T = O(1)$, $M|T - k_2^0|/T^{1-2d} = O(T^{2d})$, 且 $ES_T(k) - ES_T(k_1^0) \geqslant (k_2^0 - k_1^0)C^*/2$ 以速度 T 趋于无穷. 因此,

$$
\begin{aligned}
ES_T(k) - ES_T(k_1^0) \ & \geqslant \ \left(ES_T(k_2^0) - ES_T(k_1^0)\right)(1 - o(1)) \\
& \geqslant \ \left((k - k_1^0)\frac{k_2^0 - k_1^0}{T - k_1^0}\frac{ES_T(k_2^0) - ES_T(k_1^0)}{k_2^0 - k_1^0}\right)(1 - o(1)) \\
& \geqslant \ (k - k_1^0)\frac{\tau_2^0 - \tau_1^0}{1 - \tau_1^0}\frac{C^*}{4}.
\end{aligned}
$$

得证.

引理 2.2的证明：对于所有的 $k \in [1, T]$ 和足够大的 T, 有

$$
\begin{aligned}
S_T(k) - S_T(k_1^0) &= \left[S_T(k) - \sum_{t=1}^{T} x_t^2 \right] - \left[ES_T(k) - \sum_{t=1}^{T} Ex_t^2 \right] \\
&\quad - \left\{ \left[S_T(k_1^0) - \sum_{t=1}^{T} x_t^2 \right] - \left[ES_T(k_1^0) - \sum_{t=1}^{T} Ex_t^2 \right] \right\} \\
&\quad + ES_T(k) - ES_T(k_1^0) \\
&\geqslant -2 \sup_{1 \leqslant j \leqslant T} \left| \left[S_T(j) - \sum_{t=1}^{T} x_t^2 \right] - \left[ES_T(j) - \sum_{t=1}^{T} Ex_t^2 \right] \right| \\
&\quad + ES_T(k) - ES_T(k_1^0) \\
&\geqslant -2 \sup_{1 \leqslant j \leqslant T} \left| \left[S_T(j) - \sum_{t=1}^{T} x_t^2 \right] - \left[ES_T(j) - \sum_{t=1}^{T} Ex_t^2 \right] \right| \\
&\quad + C|k - k_1^0|,
\end{aligned}
$$

其中, 最后一个不等式由引理 2.9可得. 特别地, 上述不等式对 $k = \hat{k}_1$ 也适用. 又因为 $S_T(\hat{k}_1) - S_T(k_1^0) \leqslant 0$, 因此

$$
|\hat{k}_1 - k_1^0| \leqslant 2 \sup_{1 \leqslant j \leqslant T} \left| \left[S_T(j) - \sum_{t=1}^{T} x_t^2 \right] - \left[ES_T(j) - \sum_{t=1}^{T} Ex_t^2 \right] \right|,
$$

即有

$$
|\hat{\tau}_1 - \tau_1^0| \leqslant O_p\left(\frac{1}{T} \right) + 2 \sup_{1 \leqslant j \leqslant T} \left| \left[U_T(j/T) - \frac{1}{T} \sum_{t=1}^{T} x_t^2 \right] - \left[EU_T(j/T) - \frac{1}{T} \sum_{t=1}^{T} Ex_t^2 \right] \right|.
$$

结合引理 2.5, 结论得证.

记

$$
\begin{cases}
D_T = \left\{ k : T\eta \leqslant k \leqslant T\tau_2^0(1 - \eta) \right\}, \\
D_M = \left\{ k : |k - k_1^0| \leqslant M \right\}, \\
D_{T,M} = \left\{ k : T\eta \leqslant k \leqslant T\tau_2^0(1 - \eta), |k - k_1^0| > M \right\},
\end{cases}
$$

其中, η 是一个足够小的正常数, 使得 $\tau_1^0 \in (\eta, \tau_2^0(1 - \eta))$, M 是一个正常数. 因此, 若 k 位于 D_T 内, 则它既不为 0 也不是第二个变点. 根据引理 2.2, 对于任意的 $\varepsilon > 0$ 和足够大的 $T = T(\varepsilon)$, 有 $P(\hat{k}_1 \notin D_T) < \varepsilon$. 在下文中我们将说明 $\hat{k}_1$ 最终将以大概率落入 D_M 中, 即变分点估计量 $\hat{\tau}_1$ 是 $T-$ 相合的. 为此, 我们需要首先证明如下引理.

引理 2.10 对于模型 (2.1), 若假设 A1~A3 成立, 对任意 $\varepsilon > 0$, 存在一个有限的正常数 M, 使得对足够大的 T 以下结论成立:

$$P\left(\min_{k \in D_{T,M}} S_T(k) - S_T(k_1^0) \le 0\right) < \varepsilon.$$

证明 证明思路与 Bai (1997) 中引理 4 的证明思路一致, 其中会用到引理 2.9、引理 2.6和性质 R3, 由此易证引理 2.10。

定理 2.1的证明: 由引理 2.2和引理 2.10易证定理 2.1, 具体细节可参考 Bai (1997) 中命题 2 的证明.

接下来我们证明变点收缩时的结论.

引理 2.11 对于模型 (2.1), 若假设 A1、A2、A5 和 A6 成立, 则

$$\sup_{1 \le k \le T}\left|\left[U_T(k/T) - \frac{1}{T}\sum_{t=1}^T x_t^2\right] - \left[EU_T(k/T) - \frac{1}{T}\sum_{t=1}^T Ex_t^2\right]\right| = O_p(v_T T^{-0.5+d}).$$

证明 首先, 由 (2.13) 式易得

$$
\left|\left[U_T(k/T) - \frac{1}{T}\sum_{t=1}^T x_t^2\right] - \left[EU_T(k/T) - \frac{1}{T}\sum_{t=1}^T Ex_t^2\right]\right|
$$
$$
= \begin{cases} |R_{1T}(k) - ER_{1T}(k)|, & k \in [1, k_1^0] \\ |R_{2T}(k) - ER_{2T}(k)|, & k \in [k_1^0+1, k_2^0] \\ |R_{3T}(k) - ER_{3T}(k)|, & k \in [k_2^0+1, T] \end{cases}
$$
$$
\le \begin{cases} |R_{1T}(k)| + |ER_{1T}(k)|, & k \in [1, k_1^0], \\ |R_{2T}(k)| + |ER_{2T}(k)|, & k \in [k_1^0+1, k_2^0], \\ |R_{3T}(k)| + |ER_{3T}(k)|, & k \in [k_2^0+1, T]. \end{cases}
$$

由于式 (2.16) 中 $a_T(k), \cdots, q_T(k)$ 的阶全为 $O(v_T)$, 则由引理 2.4的证明和假设 A5 可得

$$\sup_k |R_{iT}(k)| = O_p(v_T T^{-0.5+d}), \ \ i=1,2,3. \tag{2.30}$$

此外, 由性质 R4 可知

$$|ER_{iT}(k)| \le O\left(\frac{k^{2d}}{T}\right) + O\left(\frac{(T-k)^{2d}}{T}\right), \ \ i=1,2,3.$$

因此,

$$\sup_k |ER_{iT}(k)| \leqslant \begin{cases} O(T^{-1}), & -0.5 < d \leqslant 0, \\ O(T^{-1+2d}), & 0 < d < 0.5, \end{cases} \quad i = 1, 2, 3.$$

结合假设 A5 和以上结论可知

$$\sup_k |ER_{iT}(k)| = o(v_T T^{-0.5+d}), \quad i = 1, 2, 3. \tag{2.31}$$

综合式 (2.30) 和式 (2.31) 易得引理 2.11.

引理 2.12　对于模型 (2.1), 若假设 A1, A2, A5 和 A6 成立, 则存在一个仅与 τ_i^0 和 $\tilde{\mu}_j$ $(i = 1, 2; j = 1, 2, 3)$ 有关的正常数 C, 使得对足够大的 T, 以下结论成立:

$$ES_T(k) - ES_T(k_1^0) \geqslant C v_T^2 |k - k_1^0|.$$

证明　为了节约篇幅, 下面只证明 $k \leqslant k_1^0$ 情形下的结论, 其他情形的结论同理可证. 由 Bai(1997) 的引理 13 的证明可得

$$
\begin{aligned}
& ES_T(k) - ES_T(k_1^0) \\
= {} & \frac{k_1^0 - k}{(1 - k/T)(1 - k_1^0/T)}[(1 - k_1^0/T)(\mu_{1T} - \mu_{2T}) + (1 - k_2^0/T)(\mu_{2T} - \mu_{3T})]^2 \\
& + T[ER_{1T}(k) - ER_{1T}(k_1^0)].
\end{aligned} \tag{2.32}
$$

由于 $\mu_{iT} = \tilde{\mu}_i v_T$, 显然式 (2.32) 等号右端第一项至少与 $C(k_1^0 - k)v_T^2$ 同阶, 其中 C 是一个与 τ_i^0 $(i = 1, 2)$ 和 $\tilde{\mu}_j$ $(j = 1, 2, 3)$ 有关的正常数.

对于式 (2.32) 等号右端第二项, 与引理 2.6 的证明类似,

$$T|ER_{1T}(k) - ER_{1T}(k_1^0)| = \begin{cases} |k_1^0 - k| \cdot O(T^{-1}), & -0.5 < d \leqslant 0, \\ |k_1^0 - k| \cdot O(T^{-1+2d}), & 0 < d < 0.5. \end{cases}$$

由假设 A5 可知

$$T|ER_{1T}(k) - ER_{1T}(k_1^0)| = o(|k_1^0 - k|v_T^2).$$

综上, 证明完毕.

引理 2.3 的证明: 引理 2.3 的证明与 Bai (1997) 中命题 1 的证明类似, 主要用到引理 2.11 和引理 2.12 的结论.

为证明定理 2.2, 需首先证明下述引理 2.13. 定义:

当 $0.5 < d < 0$ 时, $D_{T,M}^* = \left\{ k : T\eta \leqslant k \leqslant T\tau_2^0(1-\eta), |k-k_1^0| > Mv_T^{-2} \right\}$,

当 $0 \leqslant d < 0.5$ 时, $D_{T,M}^* = \left\{ k : T\eta \leqslant k \leqslant T\tau_2^0(1-\eta), |k-k_1^0| > Mv_T^{-2/(1-2d)} \right\}$.

引理 2.13 将说明 $\hat{k}_1$ 最终落在 $D_{T,M}^*$ 的概率很小.

引理 2.13 对于模型 (2.1), 若假设 A1, A2, A5 和 A6 成立, 则对任意 $\varepsilon > 0$, 存在一个有限正常数 M, 使得对足够大的 T, 以下结论成立:

$$P\left(\min_{k \in D_{T,M}^*} S_T(k) - S_T(k_1^0) \leqslant 0 \right) < \varepsilon.$$

证明 证明思路与 Bai (1997) 中引理 9 的证明思路一致, 证明的关键是确认对任意给定 $\eta > 0$ 和 $\varepsilon > 0$, 存在一个有限正常数 M, 使得对足够大的 T 有

$$P\left(\sup_{k \in D_{T,M}^*} \frac{T|R_{1T}(k) - R_{1T}(k_1^0)|}{v_T^2|k-k_1^0|} > \eta \right) < \varepsilon.$$

注意到若 $k \in D_{T,M}^*$, 则当 $-0.5 < d < 0$ 时有 $T\eta < k < k_1^0 - Mv_T^{-2}$ 或 $k_1^0 + Mv_T^{-2} < k < T\tau_2^0(1-\eta)$; 当 $0 \leqslant d < 0.5$ 时有 $T\eta < k < k_1^0 - Mv_T^{-2/(1-2d)}$ 或 $k_1^0 + Mv_T^{-2/(1-2d)} < k < T\tau_2^0(1-\eta)$. 为了节省篇幅, 下面主要陈述 $-0.5 < d < 0$ 时 $T\eta < k < k_1^0 - Mv_T^{-2}$ 和 $0 \leqslant d < 0.5$ 时 $T\eta < k < k_1^0 - Mv_T^{-2/(1-2d)}$ 两种情形, 另外两种情形的证明同理可得.

$$
\begin{aligned}
&T\left[R_{1T}(k) - R_{1T}(k_1^0) \right] \\
=\ & 2\left[a_T(k) \sum_{t=k+1}^{k_1^0} x_t \right] + 2\left\{ \left[b_T(k) - b_T(k_1^0) \right] \sum_{t=k_1^0+1}^{k_2^0} x_t \right\} \\
&+ 2\left\{ \left[c_T(k) - c_T(k_1^0) \right] \sum_{t=k_2^0+1}^{T} x_t \right\} \\
&+ \left\{ k_1^0 \left[A_T(k_1^0) \right]^2 - k\left[A_T(k) \right]^2 \right\} \\
&+ \left\{ (T-k_1^0)\left[A_T^*(k_1^0) \right]^2 - (T-k)\left[A_T^*(k) \right]^2 \right\}. \tag{2.33}
\end{aligned}
$$

因此, 只需要证明当 M 和 T 足够大时, 对于 $-0.5 < d < 0$ 时 $T\eta < k < k_1^0 - Mv_T^{-2}$ 和 $0 \leqslant d < 0.5$ 时 $T\eta < k < k_1^0 - Mv_T^{-2/(1-2d)}$ 两种情形, 式 (2.33) 等号右端的每一项除以 $v_T^2(k_1^0-k)$ 后都依概率一致趋于零. 当 $d = 0$ 时, $T\eta \leqslant k < k_1^0 - Mv_T^{-2}$ 与 $T\eta \leqslant k < k_1^0 - Mv_T^{-2/(1-2d)}$ 等价.

对于第一项 $\dfrac{1}{v_T^2(k_1^0-k)}a_T(k)\sum\limits_{t=k+1}^{k_1^0}x_t$, 对于所有 $k\in[1,T]$, 存在一个正常数 L, 使得 $|a_T(k)|\leqslant Lv_T$. 因此, 当 $-0.5<d\leqslant 0$ 时, 由引理 1.1可得: 当 $-0.5<d\leqslant 0$ 时,

$$\sup_{T\eta\leqslant k<k_1^0-Mv_T^{-2}}\left|\frac{1}{v_T^2(k_1^0-k)}a_T(k)\sum_{t=k+1}^{k_1^0}x_t\right|$$

$$= O_p\left(\frac{1}{v_T\sqrt{Mv_T^{-2}}}\right)=O_p(M^{-0.5})=O_p(1),\quad M\to\infty;$$

当 $0<d<0.5$ 时,

$$\sup_{T\eta\leqslant k<k_1^0-Mv_T^{-2/(1-2d)}}\left|\frac{1}{v_T^2(k_1^0-k)}a_T(k)\sum_{t=k+1}^{k_1^0}x_t\right|$$

$$= O_p\left(\frac{1}{v_T(Mv_T^{-2/(1-2d)})^{0.5-d}}\right)=O_p(M^{-0.5+d})=O_p(1),\quad M\to\infty.$$

对于第二项 $\dfrac{1}{v_T^2(k_1^0-k)}\left[b_T(k)-b_T(k_1^0)\right]\sum\limits_{t=k_1^0+1}^{k_2^0}x_t$, 与 Bai (1997) 中结论 (A.26) 相似, 易知存在某个有限正常数 C, 使得

$$|b_T(k)-b_T(k_1^0)|\leqslant\left|\frac{k_1^0-k}{T-k}\right|v_TC,\quad |c_T(k)-c_T(k_1^0)|\leqslant\left|\frac{k_1^0-k}{T-k}\right|v_TC.$$

因此由性质 R4 和假设 A5 可得

$$\sup_{T\eta\leqslant k<k_1^0-Mv_T^{-2}}\left|\frac{1}{v_T^2(k_1^0-k)}\left[b_T(k)-b_T(k_1^0)\right]\sum_{t=k_1^0+1}^{k_2^0}x_t\right|$$

$$\leqslant \sup_{T\eta\leqslant k<k_1^0-Mv_T^{-2}}\left|\frac{b_T(k)-b_T(k_1^0)+}{v_T^2(k_1^0-k)}\right|\cdot\left|\sum_{t=k_1^0+1}^{k_2^0}x_t\right|$$

$$= O_p\left(\frac{1}{Tv_T}\cdot T^{0.5+d}\right)$$

$$= O_p(1),\ -0.5<d\leqslant 0.$$

同理,

$$\sup_{T\eta\leqslant k<k_1^0-Mv_T^{-2/(1-2d)}}\left|\frac{1}{v_T^2(k_1^0-k)}\left[b_T(k)-b_T(k_1^0)\right]\sum_{t=k_1^0+1}^{k_2^0}x_t\right|=O_p(1),\ 0<d<0.5.$$

至于第三项, 同理可得

$$\sup_{T\eta\leqslant k<k_1^0-Mv_T^{-2}}\left|\frac{1}{v_T^2(k_1^0-k)}\left[c_T(k)-c_T(k_1^0)\right]\sum_{t=k_2^0+1}^{T}x_t\right|=O_p(1),\ -0.5<d\leqslant 0,$$

$$\sup_{T\eta\leqslant k<k_1^0-Mv_T^{-2/(1-2d)}}\left|\frac{1}{v_T^2(k_1^0-k)}\left[c_T(k)-c_T(k_1^0)\right]\sum_{t=k_2^0+1}^{T}x_t\right|=O_p(1),\ 0<d<0.5.$$

对于第四项 $\dfrac{k_1^0\left[A_T(k_1^0)\right]^2-k[A_T(k)]^2}{v_T^2(k_1^0-k)}$, 由式 (2.24) 可得

$$
\begin{aligned}
&\frac{k_1^0\left[A_T(k_1^0)\right]^2-k\left[A_T(k)\right]^2}{v_T^2(k_1^0-k)}\\
=\ &-\frac{1}{k_1^0kv_T^2}\left(\sum_{t=1}^{k}x_t\right)^2+\frac{2}{(k_1^0-k)k_1^0v_T^2}\left(\sum_{t=1}^{k}x_t\right)\left(\sum_{t=k+1}^{k_1^0}x_t\right)\\
&+\frac{1}{k_1^0(k_1^0-k)v_T^2}\left(\sum_{t=k+1}^{k_1^0}x_t\right)^2.
\end{aligned}
$$

再由泛函中心极限定理和假设 A5 可得:

$$
\begin{aligned}
\sup_{T\eta\leqslant k<k_1^0-Mv_T^{-2}}\frac{1}{k_1^0kv_T^2}\left(\sum_{t=1}^{k}x_t\right)^2&\leqslant\frac{1}{k_1^0T\eta v_T^2}\sup_{1\leqslant k<k_1^0}\left(\sum_{t=1}^{k}x_t\right)^2\\
&=O_p\left(\frac{T^{1+2d}}{T^2v_T^2}\right)\\
&=O_p(1),\ -0.5<d\leqslant 0
\end{aligned}
\tag{2.34}
$$

和

$$\sup_{T\eta\leqslant k<k_1^0-Mv_T^{-2/(1-2d)}}\frac{1}{k_1^0kv_T^2}\left(\sum_{t=1}^{k}x_t\right)^2=O_p\left(\frac{T^{1+2d}}{T^2v_T^2}\right)=O_p(1),\ 0<d<0.5.\tag{2.35}$$

又因引理 1.1 和假设 A5, 知:

$$
\begin{aligned}
\sup_{T\eta\leqslant k<k_1^0-Mv_T^{-2}} \frac{1}{k_1^0(k_1^0-k)v_T^2}\left(\sum_{t=k+1}^{k_1^0}x_t\right)^2 &\leqslant \frac{1}{k_1^0 v_T^2}\sup_{1\leqslant k<k_1^0}\left(\frac{1}{\sqrt{k_1^0-k}}\sum_{t=k+1}^{k_1^0}x_t\right)^2 \\
&= O_p\left(\frac{\log T}{Tv_T^2}\right) \\
&= O_p(1),\quad -0.5<d\leqslant 0
\end{aligned} \tag{2.36}
$$

和

$$
\sup_{T\eta\leqslant k<k_1^0-Mv_T^{-2/(1-2d)}} \frac{1}{k_1^0(k_1^0-k)v_T^2}\left(\sum_{t=k+1}^{k_1^0}x_t\right)^2 = O_p\left(\frac{T^{2d}}{Tv_T^2}\right)=O_p(1),\quad 0<d<0.5 \tag{2.37}
$$

注意到下式的成立:

$$
\begin{aligned}
&\sup_{T\eta\leqslant k<k_1^0-Mv_T^{-2}}\left|\frac{2}{(k_1^0-k)k_1^0 v_T^2}\left(\sum_{t=1}^{k}x_t\right)\left(\sum_{t=k+1}^{k_1^0}x_t\right)\right| \\
&\leqslant \sup_{T\eta\leqslant k\leqslant k_1^0/2}\left|\frac{2}{(k_1^0-k)k_1^0 v_T^2}\left(\sum_{t=1}^{k}x_t\right)\left(\sum_{t=k+1}^{k_1^0}x_t\right)\right| \\
&\quad + \sup_{k_1^0/2<k<k_1^0-Mv_T^{-2}}\left|\frac{2}{(k_1^0-k)k_1^0 v_T^2}\left(\sum_{t=1}^{k}x_t\right)\left(\sum_{t=k+1}^{k_1^0}x_t\right)\right| \\
&\leqslant \sup_{T\eta\leqslant k\leqslant k_1^0/2}\left|\frac{2}{k_1^0 v_T^2}\left(\frac{1}{\sqrt{k}}\sum_{t=1}^{k}x_t\right)\left(\frac{1}{\sqrt{k_1^0-k}}\sum_{t=k+1}^{k_1^0}x_t\right)\right| \\
&\quad + \sup_{k_1^0/2<k<k_1^0-Mv_T^{-2}}\left|\frac{2}{\sqrt{k_1^0}v_T^2}\left(\frac{1}{\sqrt{k_1^0}}\sum_{t=1}^{k}x_t\right)\left(\frac{1}{k_1^0-k}\sum_{t=k+1}^{k_1^0}x_t\right)\right| \\
&\leqslant \frac{1}{k_1^0 v_T^2}\sup_{T\eta\leqslant k\leqslant k_1^0/2}\left(\frac{1}{\sqrt{k}}\sum_{t=1}^{k}x_t\right)^2 + \frac{1}{k_1^0 v_T^2}\sup_{T\eta\leqslant k<k_1^0/2}\left(\frac{1}{\sqrt{k_1^0-k}}\sum_{t=k+1}^{k_1^0}x_t\right)^2 \\
&\quad + \sup_{k_1^0/2<k<k_1^0-Mv_T^{-2}}\left|\frac{2}{\sqrt{k_1^0}v_T^2}\left(\frac{1}{\sqrt{k_1^0}}\sum_{t=1}^{k}x_t\right)\left(\frac{1}{k_1^0-k}\sum_{t=k+1}^{k_1^0}x_t\right)\right|,\quad -0.5<d\leqslant 0,
\end{aligned}
$$

其中, 最后一个不等式由柯西-施瓦茨不等式推导而得, 应用引理 1.1 和泛函中心极限定理,

由假设 A5 可得

$$
\sup_{k_1^0/2 < k < k_1^0 - Mv_T^{-2}} \left| \frac{2}{\sqrt{k_1^0}v_T^2} \left(\frac{1}{\sqrt{k_1^0}} \sum_{t=1}^{k} x_t \right) \left(\frac{1}{k_1^0 - k} \sum_{t=k+1}^{k_1^0} x_t \right) \right|
$$

$$
= O_p \left(\frac{T^d}{\sqrt{T}v_T^2} \frac{1}{\sqrt{Mv_T^{-2}}} \right)
$$

$$
= O_p \left(\frac{1}{T^{0.5-d}v_T\sqrt{M}} \right) = O_p(1), \quad -0.5 < d \leqslant 0.
$$

结合结论式 (2.34) 和式 (2.36) 可得

$$
\sup_{T\eta \leqslant k < k_1^0 - Mv_T^{-2}} \left| \frac{2}{(k_1^0 - k)k_1^0 v_T^2} \left(\sum_{t=1}^{k} x_t \right) \left(\sum_{t=k+1}^{k_1^0} x_t \right) \right| = O_p(1), \quad -0.5 < d \leqslant 0.
$$

同理可得

$$
\sup_{T\eta \leqslant k < k_1^0 - Mv_T^{-2/(1-2d)}} \left| \frac{2}{(k_1^0 - k)k_1^0 v_T^2} \left(\sum_{t=1}^{k} x_t \right) \left(\sum_{t=k+1}^{k_1^0} x_t \right) \right|
$$

$$
\leqslant \frac{1}{k_1^0 v_T^2} \sup_{T\eta \leqslant k \leqslant k_1^0/2} \left(\frac{1}{\sqrt{k}} \sum_{t=1}^{k} x_t \right)^2 + \frac{1}{k_1^0 v_T^2} \sup_{T\eta \leqslant k < k_1^0/2} \left(\frac{1}{\sqrt{k_1^0 - k}} \sum_{t=k+1}^{k_1^0} x_t \right)^2
$$

$$
+ \sup_{k_1^0/2 < k < k_1^0 - Mv_T^{-2/(1-2d)}} \left| \frac{2}{\sqrt{k_1^0}v_T^2} \left(\frac{1}{\sqrt{k_1^0}} \sum_{t=1}^{k} x_t \right) \left(\frac{1}{k_1^0 - k} \sum_{t=k+1}^{k_1^0} x_t \right) \right|, \quad 0 < d < 0.5
$$

和

$$
\sup_{k_1^0/2 < k < k_1^0 - Mv_T^{-2/(1-2d)}} \left| \frac{2}{\sqrt{k_1^0}v_T^2} \left(\frac{1}{\sqrt{k_1^0}} \sum_{t=1}^{k} x_t \right) \left(\frac{1}{k_1^0 - k} \sum_{t=k+1}^{k_1^0} x_t \right) \right|
$$

$$
= O_p \left(\frac{T^d}{\sqrt{T}v_T^2} \frac{1}{(Mv_T^{-2/(1-2d)})^{0.5-d}} \right)
$$

$$
= O_p \left(\frac{1}{T^{0.5-d}v_T M^{0.5-d}} \right) = O_p(1), \quad 0 < d < 0.5.
$$

再结合式 (2.35) 和式 (2.37), 可得

$$
\sup_{T\eta \leqslant k < k_1^0 - Mv_T^{-2/(1-2d)}} \left| \frac{2}{(k_1^0 - k)k_1^0 v_T^2} \left(\sum_{t=1}^{k} x_t \right) \left(\sum_{t=k+1}^{k_1^0} x_t \right) \right| = O_p(1), \quad 0 < d < 0.5.
$$

综上,

$$\sup_{1 \leqslant k < k_1^0 - M v_T^{-2}} \left| \frac{k_1^0 \left(A_T(k_1^0) \right)^2 - k \left(A_T(k) \right)^2}{v_T^2 (k_1^0 - k)} \right| = O_p(1), \quad -0.5 < d \leqslant 0,$$

$$\sup_{1 \leqslant k < k_1^0 - M v_T^{-2/(1-2d)}} \left| \frac{k_1^0 \left(A_T(k_1^0) \right)^2 - k \left(A_T(k) \right)^2}{v_T^2 (k_1^0 - k)} \right| = O_p(1), \quad 0 < d < 0.5.$$

同理可证,

$$\sup_{1 \leqslant k < k_1^0 - M v_T^{-2}} \left| \frac{(T - k_1^0) \left(A_T^*(k_1^0) \right)^2 - (T - k) \left(A_T^*(k) \right)^2}{v_T^2 (k_1^0 - k)} \right| = O_p(1), \quad -0.5 < d \leqslant 0,$$

$$\sup_{1 \leqslant k < k_1^0 - M v_T^{-2/(1-2d)}} \left| \frac{(T - k_1^0) \left(A_T^*(k_1^0) \right)^2 - (T - k) \left(A_T^*(k) \right)^2}{v_T^2 (k_1^0 - k)} \right| = O_p(1), \quad 0 < d < 0.5.$$

证毕.

定理 2.2 的证明: 运用引理 2.13, 其他证明思路与定理 2.1 的证明相同.

定理 2.3 的证明: 构造过程 $\Lambda_T(s)$:

$$\Lambda_T(s) = v_T^{4d/(1-2d)} \left[S_T(k_1^0 + \lfloor s v_T^{-2/(1-2d)} \rfloor) - S_T(k_1^0) \right], \quad 0 \leqslant d < 0.5,$$

其中, $s \in [-M, M]$, M 为任意大的有限正常数. 令 $l = \lfloor s v_T^{-2/(1-2d)} \rfloor$,

$$\Delta_T(l) = v_T^{4d/(1-2d)} \left\{ S_T(k_1^0 + l) - S_T(k_1^0) \right\},$$

$$\hat{l} = \arg\min_l \Delta_T(l).$$

显然, 对任意小的 $\varepsilon > 0$ 和任意大的 $T = T(\varepsilon)$, 有 $P(\hat{l} = \hat{k} - k_1^0) \geqslant 1 - \varepsilon$. 因此, 只需研究 $\Delta_T(l)$, 从而推导出 $\hat{\tau}_1$ 的渐近分布.

首先考虑 $0 \leqslant l \leqslant M v_T^{-2/(1-2d)}$ 的情形. 记

$$\hat{\mu}_1^* = \frac{1}{k_1^0 + l} \sum_{t=1}^{k_1^0 + l} y_t, \qquad \hat{\mu}_2^* = \frac{1}{T - k_1^0 - l} \sum_{t=k_1^0 + l + 1}^{T} y_t,$$

$$\hat{\mu}_1 = \frac{1}{k_1^0} \sum_{t=1}^{k_1^0} y_t, \qquad \hat{\mu}_2 = \frac{1}{T - k_1^0} \sum_{t=k_1^0 + 1}^{T} y_t.$$

由性质 R4 和假设 A5 易得

$$\begin{cases} \hat{\mu}_1^* - \mu_{1T} = O_p(T^{-0.5+d}), \\ \hat{\mu}_2 - \mu_{2T} - \dfrac{1-\tau_2^0}{1-\tau_1^0}(\mu_{3T} - \mu_{2T}) = O_p(T^{-0.5+d}). \end{cases} \tag{2.38}$$

又, 易知

$$v_T^{4d/(1-2d)} S_T(k_1^0+l) = v_T^{4d/(1-2d)}\left[\sum_{t=1}^{k_1^0}(y_t - \hat{\mu}_1^*)^2 + \sum_{t=k_1^0+1}^{k_1^0+l}(y_t - \hat{\mu}_1^*)^2 + \sum_{t=k_1^0+l+1}^{T}(y_t - \hat{\mu}_2^*)^2 \right], \tag{2.39}$$

$$v_T^{4d/(1-2d)} S_T(k_1^0) = v_T^{4d/(1-2d)}\left[\sum_{t=1}^{k_1^0}(y_t - \hat{\mu}_1)^2 + \sum_{t=k_1^0+1}^{k_1^0+l}(y_t - \hat{\mu}_2)^2 + \sum_{t=k_1^0+l+1}^{T}(y_t - \hat{\mu}_2)^2 \right]. \tag{2.40}$$

其中, 式 (2.39) 和式 (2.40) 等号右端的第一项的区别为

$$v_T^{4d/(1-2d)}\left[\sum_{t=1}^{k_1^0}(y_t - \hat{\mu}_1^*)^2 - \sum_{t=1}^{k_1^0}(y_t - \hat{\mu}_1)^2 \right] = v_T^{4d/(1-2d)} k_1^0 (\hat{\mu}_1^* - \hat{\mu}_1)^2. \tag{2.41}$$

第三项的区别为

$$v_T^{4d/(1-2d)}\left[\sum_{t=k_1^0+l+1}^{T}(y_t - \hat{\mu}_2^*)^2 - \sum_{t=k_1^0+l+1}^{T}(y_t - \hat{\mu}_2)^2 \right] = -v_T^{4d/(1-2d)}(T - k_1^0 - l)(\hat{\mu}_2^* - \hat{\mu}_2)^2. \tag{2.42}$$

由假设 A5 可知 $l = o(T)$, 因此

$$\begin{aligned} & \hat{\mu}_1^* - \hat{\mu}_1 \\ = {} & \frac{-l}{k_1^0(k_1^0+l)}\sum_{t=1}^{k_1^0}x_t + \frac{1}{k_1^0+l}\sum_{t=k_1^0+1}^{k_1^0+l}x_t + \frac{lv_T}{k_1^0+l}(\tilde{\mu}_2 - \tilde{\mu}_1) \\ = {} & -O_p\left(\frac{l}{T^{1.5-d}}\right) + O_p\left(\frac{l^{0.5+d}}{T}\right) + O_p\left(\frac{lv_T}{T}\right) \\ = {} & O_p\left(\frac{1}{Tv_T^{(1+2d)/(1-2d)}}\right). \end{aligned}$$

同理可得

$$\hat{\mu}_2^* - \hat{\mu}_2 = O_p\left(\frac{1}{Tv_T^{(1+2d)/(1-2d)}}\right).$$

故由假设 A5, 式 (2.41) 和式 (2.42) 可得

$$v_T^{4d/(1-2d)}\left[\sum_{t=1}^{k_1^0}(y_t - \hat{\mu}_1^*)^2 - \sum_{t=1}^{k_1^0}(y_t - \hat{\mu}_1)^2 \right] = O_p\left(\frac{1}{Tv_T^{2/(1-2d)}}\right) = O_p(1) \tag{2.43}$$

和

$$v_T^{2/(1-2d)} \left[\sum_{t=k_1^0+l+1}^{T} (y_t - \hat{\mu}_2^*)^2 - \sum_{t=k_1^0+l+1}^{T} (y_t - \hat{\mu}_2)^2 \right] = O_p \left(\frac{1}{T v_T^{2/(1-2d)}} \right) = O_p(1). \quad (2.44)$$

接着, 我们讨论式 (2.39) 和式 (2.40) 等号右端的第二项的差别. 当 $t \in [k_1^0 + 1, k_1^0 + l]$ 时, $y_t = \mu_{2T} + x_t$. 因此,

$$\sum_{t=k_1^0+1}^{k_1^0+l} (y_t - \hat{\mu}_1^*)^2 - \sum_{t=k_1^0+1}^{k_1^0+l} (y_t - \hat{\mu}_2)^2$$

$$= 2[\mu_{2T} - \hat{\mu}_1^* - (\mu_{2T} - \hat{\mu}_2)] \sum_{t=k_1^0+1}^{k_1^0+l} x_t + l[(\mu_{2T} - \hat{\mu}_1^*)^2 - (\mu_{2T} - \hat{\mu}_2)^2].$$

由式 (2.38) 易得

$$
\begin{aligned}
\mu_{2T} - \hat{\mu}_1^* - (\mu_{2T} - \hat{\mu}_2) &= \mu_{2T} - \mu_{1T} + \mu_{1T} - \hat{\mu}_1^* - (\mu_{2T} - \hat{\mu}_2) \\
&= v_T(\tilde{\mu}_2 - \tilde{\mu}_1)(1 + \lambda_1) + O_p(T^{-0.5+d}) \\
&= v_T(\tilde{\mu}_2 - \tilde{\mu}_1)(1 + \lambda_1)(1 + O_p(1))
\end{aligned}
$$

和

$$
\begin{aligned}
(\mu_{2T} - \hat{\mu}_1^*)^2 - (\mu_{2T} - \hat{\mu}_2)^2 &= v_T^2(\tilde{\mu}_2 - \tilde{\mu}_1)^2(1 - \lambda_1^2) + O_p(v_T T^{-0.5+d}) + O_p(T^{-1+2d}) \\
&= v_T^2(\tilde{\mu}_2 - \tilde{\mu}_1)^2(1 - \lambda_1^2)(1 + O_p(1)),
\end{aligned}
$$

其中,

$$\lambda_1 = \frac{1 - \tau_2^0}{1 - \tau_1^0} \left(\frac{\tilde{\mu}_3 - \tilde{\mu}_2}{\tilde{\mu}_2 - \tilde{\mu}_1} \right).$$

基于以上结论, 再结合

$$\sum_{t=k_1^0+1}^{k_1^0+l} x_t = (1-B)^{-d} \sum_{t=k_1^0+1}^{k_1^0+l} u_t \overset{d}{=} (1-B)^{-d} \sum_{t=1}^{l} u_t = \sum_{t=1}^{l} x_t$$

和泛函中心极限定理, 可知

$$v_T^{4d/(1-2d)} \left[\sum_{t=k_1^0+1}^{k_1^0+l} (y_t - \hat{\mu}_1^*)^2 - \sum_{t=k_1^0+1}^{k_1^0+l} (y_t - \hat{\mu}_2)^2 \right]$$

$$= 2(\tilde{\mu}_2 - \tilde{\mu}_1)(1 + \lambda_1) v_T^{(1+2d)/(1-2d)} \sum_{t=k_1^0+1}^{k_1^0+l} x_t \cdot [1 + O_p(1)]$$

$$+ v_T^{2/(1-2d)} l(\tilde{\mu}_2 - \tilde{\mu}_1)^2(1 - \lambda_1^2) \cdot [1 + O_p(1)]$$

$$\Rightarrow 2\kappa(d)\sigma_u(\tilde{\mu}_2 - \tilde{\mu}_1)(1 + \lambda_1) B_d^{(1)}(s) + s(\tilde{\mu}_2 - \tilde{\mu}_1)^2(1 - \lambda_1^2),$$

其中, $B_d^{(1)}(\cdot)$ 是一个双边分数布朗运动, 综合式 (2.43) 和式 (2.44), 可得

$$\Lambda_T(s) \Rightarrow 2\kappa(d)\sigma_u(\tilde{\mu}_2 - \tilde{\mu}_1)(1 + \lambda_1)B_d^{(1)}(s) + s(\tilde{\mu}_2 - \tilde{\mu}_1)^2(1 - \lambda_1^2), \quad s > 0.$$

同理可证

$$\Lambda_T(s) \Rightarrow 2\kappa(d)\sigma_u(\tilde{\mu}_2 - \tilde{\mu}_1)(1 + \lambda_1)B_d^{(1)}(s) - s(\tilde{\mu}_2 - \tilde{\mu}_1)^2(1 + \lambda_1)^2, \quad s < 0.$$

定义

$$\Gamma_1(s, \lambda) = \begin{cases} 2\kappa(d)\sigma_u(\tilde{\mu}_2 - \tilde{\mu}_1)B_d^{(1)}(s) - s(\tilde{\mu}_2 - \tilde{\mu}_1)^2(1 + \lambda), & s < 0, \\ 0, & s = 0, \\ 2\kappa(d)\sigma_u(\tilde{\mu}_2 - \tilde{\mu}_1)B_d^{(1)}(s) + s(\tilde{\mu}_2 - \tilde{\mu}_1)^2(1 - \lambda), & s > 0, \end{cases}$$

则

$$\Lambda_T(s) \Rightarrow (1 + \lambda_1)\Gamma_1(s, \lambda_1).$$

即, 由 $1 + \lambda_1 > 0$ (Bai, 1997) 和 $\arg\max / \arg\min$ 函数的连续映照定理 (Kim 和 Pollard, 1990), 可知

$$Tv_T^{2/(1-2d)}(\hat{\tau}_1 - \tau_1^0) \xrightarrow{d} \arg\min_s(1 + \lambda_1)\Gamma_1(s, \lambda_1)$$

$$\stackrel{d}{=} \arg\min_s \Gamma_1(s, \lambda_1).$$

证毕.

定理 2.4 的证明: 与定理 2.3 的证明类似, 细节不再赘述.

$U(\tau_1^0) = U(\tau_2^0)$ 情形下理论结果的证明与 $U(\tau_1^0) < U(\tau_2^0)$ 情形下的证明类似, 主要用到下述引理 2.14~2.17.

引理 2.14 对于模型 (2.1), 若假设 A1~A3 成立, 且 $U(\tau_1^0) = U(\tau_2^0)$, 则存在某个常数 $C > 0$, 使得对于足够大的 T, 以下结论成立:

$$ES_T(k) - ES_T(k_1^0) \geqslant C|k - k_1^0|, \quad 对任意 k \leqslant k^*,$$

$$ES_T(k) - ES_T(k_2^0) \geqslant C|k - k_2^0|, \quad 对任意 k \geqslant k^*,$$

其中, $k^* = \dfrac{k_1^0 + k_2^0}{2}$.

注意 k^* 的选取并不是唯一的, 可以在 k_1^0 和 k_2^0 之间任意选择一个与边界 k_1^0 和 k_2^0 至少距离 εT 的某一点 (ε 是一个很小的正常数). 记

$$\hat{k}_1^\dagger = \arg\min_{k \leqslant k^*} S_T(k), \qquad \hat{k}_2^\dagger = \arg\min_{k > k^*} S_T(k),$$

$$\hat{\tau}_i^\dagger = \frac{\hat{k}_i^\dagger}{T}, \qquad i = 1, 2,$$

则显然

$$\hat{k} = \begin{cases} \hat{k}_1^\dagger, & S_T(\hat{k}_1^\dagger) < S_T(\hat{k}_2^\dagger), \\ \hat{k}_2^\dagger, & S_T(\hat{k}_1^\dagger) > S_T(\hat{k}_2^\dagger). \end{cases}$$

其中, $S_T(\hat{k}_1^\dagger) = S_T(\hat{k}_2^\dagger)$ 的情形在这里不太重要, 具体原因可参考 Bai (1997). 定义

$$\begin{aligned} D_{T,M}^{(1)} &= \left\{ k : T\eta \leqslant k \leqslant k^*, |k - k_1^0| > M \right\}, \\ D_{T,M}^{(2)} &= \left\{ k : k^* + 1 \leqslant k \leqslant T(1-\eta), |k - k_2^0| > M \right\}. \end{aligned}$$

引理 2.15　对于模型 (2.1), 若假设 A1~A3 成立, 且 $U(\tau_1^0) = U(\tau_2^0)$, 则

$$|\hat{\tau}_i^\dagger - \tau_i^0| = O_p(T^{-0.5+d}), \ i = 1, 2.$$

引理 2.16　对于模型 (2.1), 若假设 A1~A3 成立, 且 $U(\tau_1^0) = U(\tau_2^0)$, 则对任意的 $\varepsilon > 0$, 存在一个有限的正常数 M, 使得对足够大的 T, 以下结论成立:

$$P\left(\min_{k \in D_{T,M}^{(i)}} S_T(k) - S_T(k_i^0) \leqslant 0 \right) < \varepsilon, \quad i = 1, 2.$$

引理 2.17　对于模型 (2.1), 若假设 A1 和 A2 成立, 且 $U(\tau_1^0) = U(\tau_2^0)$, 则

$$\lim_{T \to \infty} P(\hat{k} = \hat{k}_i^\dagger) = \frac{1}{2}, \quad i = 1, 2.$$

2.4.2　第 2.1.2 节的证明

接下来将给出一般的多变点模型 (2.12) 下理论结果的证明.

定理 2.7 的证明: 与定理 2.1 的证明思路一致, 不再赘述.

定理 2.8 的证明: 当假设 A5 成立时, 可以证明对任意 $\varepsilon > 0$, 存在一个正的常数 $M < \infty$, 使得对于任意大的 T, 有

$$P(T|\hat\tau_i - \tau_i^0| > Mv_T^{-2/(1-2d)}) < \varepsilon, \ 0 \leqslant d < 0.5.$$

接着考虑过程

$$\Lambda_T'(s) = v_T^{4d/(1-2d)}\left[S_T(k_i^0 + \lfloor sv_T^{-2/(1-2d)}\rfloor) - S_T(k_i^0)\right], \ 0 \leqslant d < 0.5,$$

其中, $s \in [-M, M]$. 令 $l = \lfloor sv_T^{-2/(1-2d)}\rfloor$,

$$\Delta_T'(l) = v_T^{4d/(1-2d)}\left[S_T(k_i^0 + l) - S_T(k_i^0)\right], \ \hat l = \arg\min_l \Delta_T'(l).$$

与之前一样, 可以通过研究 $\Delta_T'(l)$ 来获得 $\hat\tau_i$ 的渐近分布.

我们首先讨论 $0 \leqslant l \leqslant Mv_T^{-2/(1-2d)}$ 的情形. 记

$$\hat\mu_{i1}^* = \frac{1}{k_i^0 + l}\sum_{t=1}^{k_i^0+l} y_t, \qquad \hat\mu_{i2}^* = \frac{1}{T - k_i^0 - l}\sum_{t=k_i^0+l+1}^{T} y_t,$$

$$\hat\mu_{i1} = \frac{1}{k_i^0}\sum_{t=1}^{k_i^0} y_t, \qquad \hat\mu_{i2} = \frac{1}{T - k_i^0}\sum_{t=k_i^0+1}^{T} y_t.$$

由性质 R4 和假设 A5 可得

$$\begin{aligned}
\mu_{iT} - \hat\mu_{i1}^* &= \mu_{iT} - \frac{1}{k_i^0 + l}\sum_{t=1}^{k_i^0+l} x_t \\
&\quad - \frac{1}{k_i^0 + l}\left[k_1^0\mu_{1T} + (k_2^0 - k_1^0)\mu_{2T} + \cdots + (k_i^0 - k_{i-1}^0)\mu_{iT} + l\mu_{i+1,T}\right] \\
&= \frac{v_T}{\tau_i^0}\sum_{j=1}^{i-1}\tau_j^0(\tilde\mu_{j+1} - \tilde\mu_j) + O_p(T^{-0.5+d}) + O(lv_T/T) \\
&= \frac{v_T}{\tau_i^0}\sum_{j=1}^{i-1}\tau_j^0(\tilde\mu_{j+1} - \tilde\mu_j) + O_p(T^{-0.5+d})
\end{aligned}$$
(2.45)

和

$$\begin{aligned}
\mu_{i+1,T} - \hat\mu_{i2} &= \mu_{i+1,T} - \frac{1}{T - k_i^0}\sum_{t=k_i^0+1}^{T} x_t \\
&\quad - \frac{1}{T - k_i^0}\left[(k_{i+1}^0 - k_i^0)\mu_{i+1,T} + \cdots + (T - k_m^0)\mu_{m+1,T}\right] \\
&= -\frac{v_T}{1 - \tau_i^0}\sum_{j=i+1}^{m}(1 - \tau_j^0)(\tilde\mu_{j+1} - \tilde\mu_j) + O_p(T^{-0.5+d}).
\end{aligned}$$
(2.46)

$\Delta'_T(l)$ 可写为

$$
\begin{aligned}
\Delta'_T(l) &= v_T^{4d/(1-2d)} \left\{ \sum_{t=1}^{k_i^0} \left[(y_t - \hat{\mu}_{i1}^*)^2 - (y_t - \hat{\mu}_{i1})^2 \right] \right. \\
&+ \sum_{t=k_i^0+1}^{k_i^0+l} \left[(y_t - \hat{\mu}_{i1}^*)^2 - (y_t - \hat{\mu}_{i2})^2 \right] \\
&+ \left. \sum_{t=k_i^0+l+1}^{T} \left[(y_t - \hat{\mu}_{i2}^*)^2 - (y_t - \hat{\mu}_{i2})^2 \right] \right\}.
\end{aligned}
$$

与定理 2.3 的证明类似, 易知上式等号右端第二项为主项. 当 $t \in [k_i^0+1, k_i^0+l]$ 时, $y_t = \mu_{i+1,T} + x_t$, 且

$$
\begin{aligned}
&\sum_{t=k_i^0+1}^{k_i^0+l} \left[(y_t - \hat{\mu}_{i1}^*)^2 - (y_t - \hat{\mu}_{i2})^2 \right] \\
&= 2[\mu_{i+1,T} - \hat{\mu}_{i1}^* - (\mu_{i+1,T} - \hat{\mu}_{i2})] \sum_{t=k_i^0+1}^{k_i^0+l} x_t + l[(\mu_{i+1,T} - \hat{\mu}_{i1}^*)^2 - (\mu_{i+1,T} - \hat{\mu}_{i2})^2].
\end{aligned}
$$

由式 (2.45) 和式 (2.46) 可知

$$
\begin{aligned}
&[\mu_{i+1,T} - \hat{\mu}_{i1}^* - (\mu_{i+1,T} - \hat{\mu}_{i2})] \\
&= \mu_{i+1,T} - \mu_{iT} + \mu_{iT} - \hat{\mu}_{i1}^* - (\mu_{i+1,T} - \hat{\mu}_{i2}) \\
&= v_T \left[(\tilde{\mu}_{i+1} - \tilde{\mu}_i) + \frac{1}{\tau_i^0} \sum_{j=1}^{i-1} \tau_j^0 (\tilde{\mu}_{j+1} - \tilde{\mu}_j) + \frac{1}{1-\tau_i^0} \sum_{j=i+1}^{m} (1-\tau_j^0)(\tilde{\mu}_{j+1} - \tilde{\mu}_j) \right] + O_p(T^{-0.5+})
\end{aligned}
$$

和

$$
\begin{aligned}
&(\mu_{i+1,T} - \hat{\mu}_{i1}^*)^2 - (\mu_{i+1,T} - \hat{\mu}_{i2})^2 \\
&= [\mu_{i+1,T} - \mu_{iT} + \mu_{iT} - \hat{\mu}_{i1}^*]^2 - (\mu_{i+1,T} - \hat{\mu}_{i2})^2 \\
&= v_T^2 \left\{ \left[(\tilde{\mu}_{i+1} - \tilde{\mu}_i) + \frac{1}{\tau_i^0} \sum_{j=1}^{i-1} \tau_j^0(\tilde{\mu}_{j+1} - \tilde{\mu}_j) \right]^2 - \left[\frac{1}{1-\tau_i^0} \sum_{j=i+1}^{m} (1-\tau_j^0)(\tilde{\mu}_{j+1} - \tilde{\mu}_j) \right]^2 \right\} \\
&+ O_p(v_T T^{-0.5+d}) + O_p(T^{-1+2d}).
\end{aligned}
$$

记

$$
\rho_i = \frac{1}{\tau_i^0(\tilde{\mu}_{i+1} - \tilde{\mu}_i)} \sum_{j=1}^{i-1} \tau_j^0(\tilde{\mu}_{j+1} - \tilde{\mu}_j), \quad \omega_i = \frac{1}{(1-\tau_i^0)(\tilde{\mu}_{i+1} - \tilde{\mu}_i)} \sum_{j=i+1}^{m} (1-\tau_j^0)(\tilde{\mu}_{j+1} - \tilde{\mu}_j),
$$

则综合上述结论, 由泛函中心极限定理可知

$$
v_T^{4d/(1-2d)} \left\{ \sum_{t=k_i^0+1}^{k_i^0+l} \left[(y_t - \hat{\mu}_{i1}^*)^2 - (y_t - \hat{\mu}_{i2})^2 \right] \right\}
$$

$$
= \quad 2(\tilde{\mu}_{i+1} - \tilde{\mu}_i)(1 + \rho_i + \omega_i)v_T^{(1+2d)/(1-2d)} \sum_{t=k_i^0+1}^{k_i^0+l} x_t \cdot (1 + O_p(1))
$$

$$
+ v_T^{2/(1-2d)} l(\tilde{\mu}_{i+1} - \tilde{\mu}_i)^2 [(1 + \rho_i)^2 - \omega_i^2] \cdot (1 + O_p(1))
$$

$$
\Rightarrow \quad 2\kappa(d)\sigma_u(\tilde{\mu}_{i+1} - \tilde{\mu}_i)(1 + \rho_i + \omega_i)B_d^{(i)}(s) + s(\tilde{\mu}_{i+1} - \tilde{\mu}_i)^2 [(1 + \rho_i)^2 - \omega_i^2],
$$

其中, $B_d^{(i)}(\cdot)$ 是一个双边分数布朗运动. 因此,

$$
\Lambda_T'(s) \Rightarrow 2\kappa(d)\sigma_u(\tilde{\mu}_{i+1} - \tilde{\mu}_i)(1 + \rho_i + \omega_i)B_d^{(i)}(s) + s(\tilde{\mu}_{i+1} - \tilde{\mu}_i)^2 [(1 + \rho_i)^2 - \omega_i^2], \quad s > 0.
$$

同理可证:

$$
\Lambda_T'(s) \Rightarrow 2\kappa(d)\sigma_u(\tilde{\mu}_{i+1} - \tilde{\mu}_i)(1 + \rho_i + \omega_i)B_d^{(i)}(s) - s(\tilde{\mu}_{i+1} - \tilde{\mu}_i)^2 [(1 + \omega_i)^2 - \rho_i^2], \quad s < 0.
$$

定义

$$
\Gamma_i(s, \lambda) = \begin{cases} 2\kappa(d)\sigma_u(\tilde{\mu}_{i+1} - \tilde{\mu}_i)B_d^{(i)}(s) - s(\tilde{\mu}_{i+1} - \tilde{\mu}_i)^2(1 + \lambda), & s < 0, \\ 0, & s = 0, \\ 2\kappa(d)\sigma_u(\tilde{\mu}_{i+1} - \tilde{\mu}_i)B_d^{(i)}(s) + s(\tilde{\mu}_{i+1} - \tilde{\mu}_i)^2(1 - \lambda), & s > 0, \end{cases}
$$

则

$$
\Lambda_T'(s) \Rightarrow (1 + \omega_i + \rho_i)\Gamma_i(s, \lambda_i),
$$

其中,

$$
\lambda_i = \omega_i - \rho_i = \frac{1}{\tilde{\mu}_{i+1} - \tilde{\mu}_i} \left[\frac{1}{1 - \tau_i^0} \sum_{j=i+1}^{m} (1 - \tau_j^0)(\tilde{\mu}_{j+1} - \tilde{\mu}_j) - \frac{1}{\tau_i^0} \sum_{j=1}^{i-1} \tau_j^0(\tilde{\mu}_{j+1} - \tilde{\mu}_j) \right].
$$

即

$$
T v_T^{2/(1-2d)}(\hat{\tau}_i - \tau_i^0) \xrightarrow{d} \arg\min_s (1 + \omega_i + \rho_i)\Gamma_i(s, \lambda_i)
$$

$$
\stackrel{d}{=} \arg\min_s \Gamma_i(s, \lambda_i),
$$

其中, 由假设 A9 可知 $1 + \omega_i + \rho_i > 0$, 又因为 $\arg\max / \arg\min$ 函数的连续映照定理, 故最后一个等式成立.

证毕.

第 3 章　中期记忆面板数据的均值变点估计

本章将介绍中期记忆面板数据的均值变点估计. 首先介绍单变点模型, 模型来源于 Bai (2010), 由 N 个独立的序列组成, 而每个序列具有中期记忆性. 模型具有一个公共均值变点, 采用最小二乘法对变点进行估计. 随后将模型推广至多变点模型, 采用序贯最小二乘法依次估计变点.

3.1　模型与结论

3.1.1　单变点模型

单公共变点模型具体如下:

$$\begin{cases} y_{it} = \mu_{i1} + x_{it}, & t = 1, \cdots, k^0, \\ y_{it} = \mu_{i2} + x_{it}, & t = k^0+1, \cdots, T, \end{cases} \quad i = 1, \cdots, N, \tag{3.1}$$

其中, N 是个体数目或序列个数, T 是观察期数或每个序列的样本个数, k^0 是某个未知的公共变点时刻. 在本章, 我们将讨论两类情形: (1) 样本量 T 固定, 变点 k^0 可以是 1 到 $T-1$ 之间任意整数; (2) 样本量 T 趋于无穷, 变点 k^0 是 1 到 T 之间的整数, 且不为 1 和 T, 即 $k^0 = \lfloor \tau^0 T \rfloor$, 其中 $\tau^0 \in (0,1)$. 这是变点类文献中常见的假定, 可参见 Csörgő et al. (1997). 此外, 为了简化技术细节, 假定 $k^0 = \tau^0 T$.

值得注意的是, 模型 (3.1) 中变点前后均值 μ_{i1} 和 μ_{i2} 的具体值并不重要, 关键的是它们之间的差值 $\mu_{i2} - \mu_{i1}$. $\mu_{i2} - \mu_{i1}$ 可以是随机的也可以是非随机的, 但得与模型误差 $\{x_{it}\}$ 相互独立, 且对每个序列都满足 $E(\mu_{i2} - \mu_{i1})^2 \leqslant M < \infty$. 另外, 允许部分序列变点前后的均值差值为零, 即存在 $\mu_{i2} - \mu_{i1} = 0$ 对某些 i 成立, 意味着这些序列没有变点. 为了便于阐述, 在本章的理论部分所有序列变点前后的均值差值 $\mu_{i2} - \mu_{i1}$ 均设定为非随机的, 并记

$$\lambda_N = \sum_{i=1}^{N} (\mu_{i2} - \mu_{i1})^2.$$

如上所述, 我们假设误差过程 $\{x_{it}\}$ 由 N 个独立的 $I(d)$ 过程构成, 详见假设 B1:

- 假设 B1: 对于每个 $i \geqslant 1$, 存在 $-0.5 < d < 0$, 使得 $x_{it} \sim I(d)$. 具体地,

$$(1-B)^d x_{it} = u_{it},$$

其中, u_{it} 是关于 i 和 t 的独立同分布随机变量, 均值为零, 方差 σ_u^2 有限. 此外, 假设 $E(u_{it}^4) < \infty$.

注 3.1 如性质 R6 所述, u_{it} 二阶矩的存在性保证了泛函中心极限定理. 此外, 对于不同的 i, u_{it} 可以是异方差的. 但, 为了便于叙述, 我们假定 u_{it} 对所有的 i 都是同方差的. 由 Hu 等 (2011) 可知, u_{it} 四阶矩的有限性保证了 $-0.5 < d < 0$ 时 $I(d)$ 过程的 Hájek-Rényi 不等式的成立, 且可以帮助计算 $\{x_{it}, t \geqslant 1\}$ 部分和的四阶矩.

同样, 我们采用最小二乘法估计变点 k^0, 具体步骤如下:

给定某个整数 k, 第 i 个序列的残差平方和为

$$S_i(k) = \sum_{t=1}^{k} [y_{it} - \bar{y}_i(k)]^2 + \sum_{t=k+1}^{T} [y_{it} - \bar{y}_i^*(k)]^2,$$

其中, $\bar{y}_i(k)$ 和 $\bar{y}_i^*(k)$ 分别是前 $k\ (1 \leqslant k \leqslant T-1)$ 个样本的样本均值和后 $T-k$ 个样本的样本均值. 即

$$\bar{y}_i(k) = \frac{1}{k} \sum_{t=1}^{k} y_{it}, \quad \bar{y}_i^*(k) = \frac{1}{T-k} \sum_{t=k+1}^{T} y_{it}.$$

整个面板数据的残差平方和为

$$S_{NT}(k) = \sum_{i=1}^{N} S_i(k).$$

那么, 变点的最小二乘估计量为

$$\hat{k} = \underset{1 \leqslant k \leqslant T-1}{\arg\min} S_{NT}(k).$$

同样, 我们定义 $\hat{\tau} = \hat{k}/T$ 是变分点 τ^0 的估计量, 并定义

$$S_{NT}(0) = S_{NT}(T) = \sum_{i=1}^{N} \sum_{t=1}^{T} (y_{it} - \bar{y}_i)^2,$$

其中, $\bar{y}_i = \sum\limits_{t=1}^{T} y_{it}/T$, 记

$$U_{NT}(k) = \frac{1}{NT} S_{NT}(k).$$

首先, 我们讨论变点固定的情形, 即对每个序列变点前后均值差值 $\mu_{i2} - \mu_{i1}$ 是固定的. 此外, 还需保证当 $N \to \infty$ 时 λ_N 趋于无穷, 即保证有足够多的序列具有变点.

- 假设 B2: $\lim\limits_{N\to\infty} \lambda_N = \infty$.

- 假设 B3: $\log T = o(\lambda_N)$, $\sqrt{\dfrac{N}{T}} = o(\lambda_N)$, $\dfrac{N\sqrt{\log T}}{T^{0.5-d}} = o(\lambda_N)$.

假设 B2 和 B3 对 λ_N 发散的速度做出了要求.

注 3.2　当样本量 T 无界的时候, 假设 B2 和 B3 并不要求每一个序列都具有变点. 当样本量 T 有界的时候, 要求 $\lim\limits_{N\to\infty} \lambda_N/N = \infty$, 意味着几乎所有的序列变点前后都具有较大的均值差值. 此外, 若 $T = O(N)$, 则 $\log T = o(\lambda_N)$ 和 $\sqrt{\dfrac{N}{T}} = o(\lambda_N)$ 均可以由 $\dfrac{N\sqrt{\log T}}{T^{0.5-d}} = o(\lambda_N)$ 推导而得.

定理 3.1　对于模型 (3.1), 若假设 B1~B3 成立, 则

$$\lim_{N\to\infty} P(\hat{k} = k^0) = 1.$$

定理 3.1 表明, 在假设 B1, B2 和 B3 成立的前提下, 无论样本量 T 是否有界, $\hat{k}$ 都是 k^0 的相合估计. 接下来, 我们将研究估计量 $\hat{k}$ 在收缩变点情形下的渐近分布. 具体地, 对于每个 i, 均值差值 $\mu_{i2} - \mu_{i1}$ 的大小依赖于 N, 且当 $N \to \infty$ 时, $\mu_{i2} - \mu_{i1}$ 趋于零, 并使得 λ_N 收敛到某个正常数.

- 假设 B4: $\mu_{i2} - \mu_{i1} = \dfrac{\Delta_i}{\sqrt{N}}$, 其中, Δ_i 一致有界, 且 $\lim\limits_{N\to\infty} \lambda_N = \lim\limits_{N\to\infty} (\mu_{i2} - \mu_{i1})^2 = \lambda$, 其中 $0 < \lambda < \infty$.

- 假设 B5: $N\sqrt{\log T} = O(T^{0.5-d})$.

假设 B5 表明 N 和 T 都趋于无穷, 但 T 的速度更快.

在收缩变点情形下, 寻找变点位置的难度增加. 在假设 B4 和 B5 下, 我们首先推导出估计误差是依概率有界的, 即 $\hat{k} - k^0 = o_p(1)$, 并进一步求出 $\hat{k}$ 的渐近分布.

定理 3.2 对于模型 (3.1), 若假设 B1, B4 和 B5 成立, 当 $N, T \to \infty$ 时, 有

$$\hat{k} - k^0 = O_p(1).$$

定理 3.3 对于模型 (3.1), 若假设 B1, B4 和 B5 成立, 当 $N, T \to \infty$ 时, 有

$$\hat{k} - k^0 \xrightarrow{d} \underset{l \in \{\cdots, -2, -1, 0, 1, 2, \cdots\}}{\arg\min} W(l),$$

其中,

$$W(l) = \begin{cases} |l|\sqrt{\lambda} + 2\sigma_u \sum_{m=l}^{-1} (1-B)^{-d} Z_m, & l = -1, -2, \cdots, \\ 0, & l = 0, \\ |l|\sqrt{\lambda} + 2\sigma_u \sum_{m=1}^{l} (1-B)^{-d} Z_m, & l = 1, 2, \cdots, \end{cases}$$

$Z_m(m = \cdots, -2, -1, 0, 1, 2, \cdots)$ 是独立同分布标准正态随机变量.

由定理 3.1~3.3 可以看出, 与 Bai (2010) 的结论相比: 当变点大小固定时, 中期记忆性质对估计量 $\hat{k}$ 的相合性没有影响; 当变点差值以 $1/\sqrt{N}$ 的速度趋于零时, $\hat{k}$ 的收敛速度也没有改变, 但 $\hat{k}$ 的极限分布有所不同, 即相依程度会影响极限分布.

3.1.2 双变点模型

本节将单变点模型推广至多变点模型, 并用序贯最小二乘法依次估计变点. 首先从最简单的双变点模型展开讨论, 然后将结论推广至一般的多变点模型.

双变点模型如下:

$$\begin{cases} y_{it} = \mu_{i1} + x_{it}, & t = 1, \cdots, k_1^0, \\ y_{it} = \mu_{i2} + x_{it}, & t = k_1^0 + 1, \cdots, k_2^0, \quad i = 1, 2, \cdots, N. \\ y_{it} = \mu_{i3} + x_{it}, & t = k_2^0 + 1, \cdots, T, \end{cases} \tag{3.2}$$

同样地, k_1^0 和 k_2^0 为两个未知的公共变点, 记 $\tau_j^0 = k_j^0/T (j = 1, 2)$ 分别为其对应的变分点. 我们的目标是用序贯最小二乘法估计出 $k_j^0 (j = 1, 2)$.

$S_{NT}(k)$, $U_{NT}(k)$, $\hat{k}$, $\hat{\tau}$ 等记号都沿用第 3.1.1 节的定义. 在此, $\hat{k}$ 和 $\hat{\tau}$ 分别表示首次被估计出的变点估计量和变分点估计量.

记

$$\lambda_N^{(jl)} = \sum_{i=1}^{N} (\mu_{i,j+1} - \mu_{ij})(\mu_{i,l+1} - \mu_{il}), \quad j,l = 1,2.$$

按照惯例, 在介绍理论结果之前, 需要对模型设置一些基本假设条件:

- 假设 L1: $0 < \tau_1^0 < \tau_2^0 < 1$.

- 假设 L2: 对 $j,l = 1,2$, 存在一列正的常数 $\{\lambda_N^*, N \geqslant 1\}$ 使得 $\lambda_N^{(jl)} = \rho_N^{(jl)} \lambda_N^*$, 且 $0 < \lim_{N\to\infty} \rho_N^{(jl)} = \rho_{jl} < \infty$.

- 假设 L3: $p \lim \frac{1}{\lambda_N^* T}[S_{NT}(k_1^0) - S_{NT}(k_2^0)] < 0$.

注 3.3　假设 L1 说明了变点的可识别性. 假设 L2 说明了两个变点的信号强度相同. 假设 L3 是为了保证估计的次序, 在假设 L3 下, 首次估计的变点是 k_1^0, 且假设 L3 与下式等价:

$$\frac{1-\tau_2^0}{1-\tau_1^0}\rho_{22} < \frac{\tau_1^0}{\tau_2^0}\rho_{11}.$$

为了避免混淆, 在假设 L3 下, 记 $\hat{k}_1 = \hat{k}, \hat{\tau}_1 = \hat{\tau}$. 那么在获得 $\hat{k}_1$ 之后, 在区间 $[1, \hat{k}_1]$ 内再次使用最小二乘法, 从而得到 k_2^0 的估计量 $\hat{k}_2$ 和 τ_2^0 的估计量 $\hat{\tau}_2$.

首先我们讨论 $\lim_{N\to\infty} \lambda_N^* = \infty$ 的情形, 即每个序列的变点差值固定, 且存在足够多的序列含有至少一个变点. 为此, 我们需要如下条件:

- 假设 L4: $\lim_{N\to\infty} \lambda_N^* = \infty$.

- 假设 L5: $\log T = o(\lambda_N^*), \sqrt{\frac{N}{T}} = o(\lambda_N^*)$ 且 $\frac{N\sqrt{\log T}}{T^{0.5-d}} = O(\lambda_N^*)$.

注 3.4　假设 L4 与假设 B2 类似, 说明了变点的大小. 假设 L5 与假设 B3 类似, 对序列数 N, 样本量 T 和变点强度 λ_N^* 的发散速度做了一定控制.

定理 3.4　对于模型 (3.2), 若假设 L1~L5 和 B1 成立, 则

$$\lim_{N\to\infty} P(\hat{k}_1 = k_1^0) = 1, \quad \lim_{N\to\infty} P(\hat{k}_2 = k_2^0) = 1.$$

定理 3.4 说明, 当变点很大时, 估计量是其相合估计.

下面研究单个序列变点收缩, 而总变点趋于一个常数的情形.

- 假设 L6: 对于所有的 $i \geqslant 1$ 和 $j = 1, 2$, $\mu_{i,j+1} - \mu_{ij} = \Delta_{ij}/\sqrt{N}$, $|\Delta_{ij}| \leqslant C_0, C_0$ 为一正的常数. 此外, 假定 $\lim\limits_{N \to \infty} \lambda_N^* = \lambda^*, 0 < \lambda^* < \infty$.

- 假设 L7: $N\sqrt{\log T} = O(T^{0.5-d})$.

注 3.5 假设 L6 与假设 B4 相似, 具体解释了变点收缩的条件. 单个序列的变点以 $\dfrac{1}{\sqrt{N}}$ 的速度趋于零, 且有足够的序列存在变点, 从而总的变点趋于常数. 假设 L7 与假设 B5 类似, 对 N, T 发散的速度加以限制.

定理 3.5 对于模型 (3.2), 若假设 B1, L1~L3, L6 和 L7 成立, 则当 $N, T \to \infty$ 时,

$$\hat{k}_1 - k_1^0 = O_p(1), \quad \hat{k}_2 - k_2^0 = O_p(1). \tag{3.3}$$

且,

$$\hat{k}_1 - k_1^0 \xrightarrow{d} \underset{l \in \{\cdots, -2, -1, 0, 1, 2, \cdots\}}{\arg\min} W_1(l), \quad \hat{k}_2 - k_2^0 \xrightarrow{d} \underset{l \in \{\cdots, -2, -1, 0, 1, 2, \cdots\}}{\arg\min} W_2(l), \tag{3.4}$$

其中,

$$
W_1(l) = \begin{cases}
-l\sqrt{\lambda^*}\theta_1 + 2\sigma_u\sqrt{\theta_1}\sum\limits_{t=l}^{-1}(1-B)^{-d}Z_t, & l = -1, -2, \cdots, \\
0, & l = 0, \\
l\sqrt{\lambda^*}\theta_2 + 2\sigma_u\sqrt{\theta_1}\sum\limits_{t=1}^{l}(1-B)^{-d}Z_t, & l = 1, 2, \cdots,
\end{cases}
$$

$$
W_2(l) = \begin{cases}
-l\sqrt{\rho_{22}\lambda^*} + 2\sigma_u\sum\limits_{t=l}^{-1}(1-B)^{-d}Z_t, & l = -1, -2, \cdots, \\
0, & l = 0, \\
l\sqrt{\rho_{22}\lambda^*} + 2\sigma_u\sum\limits_{t=1}^{l}(1-B)^{-d}Z_t, & l = 1, 2, \cdots,
\end{cases}
$$

$$\theta_1 = \rho_{11} + \frac{2(1-\tau_2^0)}{1-\tau_1^0}\rho_{12} + \left(\frac{1-\tau_2^0}{1-\tau_1^0}\right)^2\rho_{22}, \quad \theta_2 = \rho_{11} - \left(\frac{1-\tau_2^0}{1-\tau_1^0}\right)^2\rho_{22},$$

$4Z_t(t = \cdots, -2, -1, 0, 1, 2, \cdots)$ 是独立同分布标准正态随机变量.

定理 3.4 和定理 3.5 的证明可参考上一节中结论和第 4 章中定理 4.5 的证明, θ_1 和 θ_2 的推导可参考第 4 章中定理 4.5 的证明.

3.1.3　多变点模型

上一节关于双变点模型的结论可以直接推广至一般的多变点模型.

$$
\begin{cases}
y_{it} = \mu_{i1} + x_{it}, & t = 1, \cdots, k_1^0, \\
y_{it} = \mu_{i2} + x_{it}, & t = k_1^0 + 1, \cdots, k_2^0, \\
\cdots\cdots & \\
y_{it} = \mu_{i,m+1} + x_{it}, & t = k_m^0 + 1, \cdots, T,
\end{cases}
\qquad i = 1, 2, \cdots, N, \tag{3.5}
$$

变分点为 $\tau_j^0 = k_j^0/T, j = 1, 2, \cdots, m.$

记

$$
\lambda_N^{(jl)} = \sum_{i=1}^{N} (\mu_{i,j+1} - \mu_{ij})(\mu_{i,l+1} - \mu_{il}), \quad j, l = 1, \cdots, m.
$$

与假设 L1~L3 类似, 我们需要对模型 (3.5) 给出相应的条件:

- 假设 L1′: $0 < \tau_1^0 < \tau_2^0 < \cdots < \tau_m^0 < 1.$

- 假设 L2′: 存在一列正的常数 $\{\lambda_N^*, N \geqslant 1\}$, 使得对所有 $j, l = 1, 2, \cdots, m$, 有 $\lambda_N^{(jl)} = \rho_N^{(jl)} \lambda_N^*, 0 < \lim_{N \to \infty} \rho_N^{(jl)} = \rho_{jl} < \infty.$

- 假设 L3′: 存在整数 j', 使得对所有 $j \neq j'$, 有 $p \lim \dfrac{1}{\lambda_N^* T}[S_{NT}(k_{j'}^0) - S_{NT}(k_j^0)] < 0.$

显然, 在假设 L3′ 下, 首次被估计出的变点为 $k_{j'}^0$, 此时记 $k_{j'}^0$ 的变点估计量为 $\hat{k}_{j'}$.

- 假设 L4′: $\lim_{N \to \infty} \lambda_N^* = \infty.$

- 假设 L5′: $\log T = O(\lambda_N^*), \sqrt{\dfrac{N}{T}} = O(\lambda_N^*), \dfrac{N\sqrt{\log T}}{T^{0.5-d}} = O(\lambda_N^*).$

定理 3.6　对于模型 (3.5), 若假设 L1′~L5′ 和 B1 成立, 则

$$
\lim_{N \to \infty} P(\hat{k}_{j'} = k_{j'}^0) = 1.
$$

- 假设 L6′: 对于所有的 $i \geqslant 1$ 和 $j = 1, \cdots, m, \mu_{i,j+1} - \mu_{ij} = \Delta_{ij}/\sqrt{N}$, 其中, $|\Delta_{ij}| \leqslant C_0$, C_0 为一正常数. 此外, 假设 $\lim_{N \to \infty} \lambda_N^* = \lambda^*, 0 < \lambda^* < \infty.$

- 假设 L7′: $N\sqrt{\log T} = o(T^{0.5-d}).$

定理 3.7 对于模型 (3.5), 若假设 B1, L1′∼L3′, L6′ 和 L7′ 成立, 则当 $N, T \to \infty$ 时,

$$\hat{k}_{j'} - k_{j'}^0 = O_p(1). \tag{3.6}$$

此外,

$$\hat{k}_{j'} - k_{j'}^0 \xrightarrow{d} \underset{l \in \{\cdots, -2, -1, 0, 1, 2, \cdots\}}{\arg\min} W_{j'}(l), \tag{3.7}$$

其中,

$$W_{j'}(l) = \begin{cases} -l\sqrt{\lambda^*}\theta_{j'}^{(1)} + 2\sigma_u \pi_{j'} \sum_{t=1}^{-l} (1-B)^{-d} Z_t, & l = -1, -2, \cdots, \\ 0, & l = 0, \\ l\sqrt{\lambda^*}\theta_{j'}^{(2)} + 2\sigma_u \pi_{j'} \sum_{t=1}^{l} (1-B)^{-d} Z_t, & l = 1, 2, \cdots, \end{cases}$$

$$\theta_{j'}^{(1)} = \frac{1}{(1-\tau_{j'}^0)^2} \sum_{p,q=j'}^{m} (1-\tau_p^0)(1-\tau_q^0)\rho_{pq} - \frac{1}{(\tau_{j'}^0)^2} \sum_{p,q=1}^{j'-1} \tau_p^0 \tau_q^0 \rho_{pq},$$

$$\theta_{j'}^{(2)} = \frac{1}{(\tau_{j'}^0)^2} \sum_{p,q=1}^{j'} \tau_p^0 \tau_q^0 \rho_{pq} - \frac{1}{(1-\tau_{j'}^0)^2} \sum_{p,q=j'+1}^{m} (1-\tau_p^0)(1-\tau_q^0)\rho_{pq},$$

$$\pi_{j'} = \left[\frac{1}{(\tau_{j'}^0)^2} \sum_{p,q=1}^{j'-1} \tau_p^0 \tau_q^0 \rho_{pq} + \frac{1}{(1-\tau_{j'}^0)^2} \sum_{p,q=j'}^{m} (1-\tau_p^0)(1-\tau_q^0)\rho_{pq} \right.$$
$$\left. + \frac{2}{\tau_{j'}^0(1-\tau_{j'}^0)} \sum_{p=j'}^{m} \sum_{q=1}^{j'-1} (1-\tau_p^0)\tau_q^0 \rho_{pq} \right]^{1/2},$$

$Z_t(t = \cdots, -2, -1, 0, 1, 2, \cdots)$ 是独立同分布的标准正态随机变量.

定理 3.6 和定理 3.7 分别是定理 3.4 和定理 3.5 的直接推广. $\theta_{j'}^{(1)}$, $\theta_{j'}^{(2)}$, $\pi_{j'}$ 的推导可参考第 4 章中定理 4.8 的证明.

3.2 数据模拟

本节分别展示了两组实验结果来说明 $\hat{k}$ 的有限样本性质. 第一组实验是变点较大的情形, 表示变点前后均值跳动幅度较明显, 即对应假设 B2; 第二组实验设置变点很小, 表示变

点收缩的情形, 即对应假设 B4. 实验观察个体数 N 对 $\hat{k}$ 估计精度的影响. 为此我们设置 $d = -0.25$, 实验重复次数为 1000 次, 样本量 $T = 10$, 真实变点时刻 $k^0 = 5$[①]. $\{x_{it}\}$ 由 McLeod 和 Hipel (1978) 以及 Hosking (1984) 的方法生成. 而个体数 N 分别设置为 $1, 10, 20$ 和 100.

在第一组实验中, $\mu_{i2} - \mu_{i1}$ 服从 $(-2, 2)$ 区间内的均匀分布. 图 3.1 展示了在 N 的不同取值下 $\hat{k}$ 的直方图, 可以发现: (1) 当 $N = 1$, 即单序列时, 估计的精度不够; (2) 随着序列数 N 的增加, 估计精度逐渐增加; (3) 当 $N = 75$ 时, 估计精度几乎可达 100%. 显然, 图 3.1 的结论与定理 3.1 吻合.

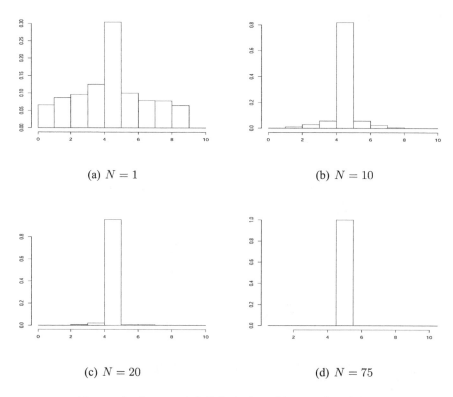

(a) $N = 1$　　　　　　　　　(b) $N = 10$

(c) $N = 20$　　　　　　　　　(d) $N = 75$

图 3.1　当 $k^0 = 5$ 且变点较大时, 在不同的 N 下 $\hat{k}$ 的直方图

在第二组实验中, $\mu_{i2} - \mu_{i1} \sim U(-1, 1)$. 由于变点很小, 由图 3.2(a)-(d) 可知, 估计误差较明显, 随着 N 的增加, 估计精度也有所增加, 但整体表现不如图 3.1, 这与定理 3.2 的结果相符.

[①]此外, 我们也对变点在边界的情形展开了实验, 即 $k^0 = 1$ 时的情形, 结果显示 $\hat{k}$ 的表现与 $k^0 = 5$ 时的情形十分类似. 因此, 为节省空间, 在此不再展示 $k^0 = 1$ 时的实验结果.

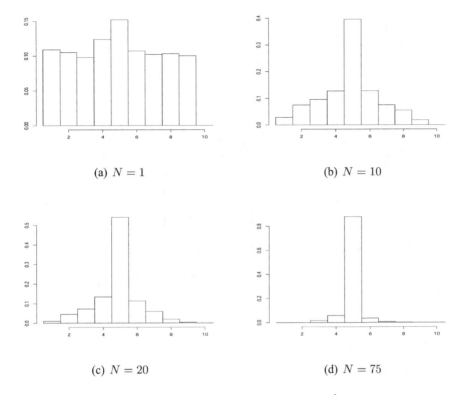

(a) $N = 1$　　　　　　　　　(b) $N = 10$

(c) $N = 20$　　　　　　　　　(d) $N = 75$

图 3.2　当 $k^0 = 5$ 且变点很小时, 在不同的 N 下 $\hat{k}$ 的直方图

3.3　证明

本节将给出第 3.1 节的证明, 在此之前需要介绍几个重要的引理.

引理 3.1　若假设 B1 成立, 则对任意 $i \geqslant 1$, 有

$$E \left(\sum_{t=1}^{k} x_{it} \right)^4 = O(k^{2+4d}).$$

证明　由于 $E(u_{it}^2) = \sigma_u^2$, $E(u_{it}^4) < \infty$, 且

$$x_{it} = (1 - B)^{-d} u_{it} = \sum_{s=0}^{\infty} b_s u_{i,t-s},$$

其中,

$$b_0 = 1, \quad b_s = \frac{s + d - 1}{s} b_{s-1} = \frac{\Gamma(s + d)}{\Gamma(d) \Gamma(s + 1)}, \quad s \geqslant 1.$$

因此,

$$E \left(\sum_{t=1}^{k} x_{it} \right)^4$$

$$= E \left(\sum_{t=1}^{k} \sum_{s=0}^{\infty} b_s u_{i,t-s} \right)^4$$

$$= E \left(\sum_{j=0}^{k-1} \left(\sum_{s=0}^{j} b_s \right) u_{i,k-j} + \sum_{j=1}^{\infty} \left(\sum_{s=j}^{k+j-1} b_s \right) u_{i,-j+1} \right)^4$$

$$\leqslant 8E \left(\sum_{j=0}^{k-1} \left(\sum_{s=0}^{j} b_s \right) u_{i,k-j} \right)^4 + 8E \left(\sum_{j=1}^{\infty} \left(\sum_{s=j}^{k+j-1} b_s \right) u_{i,-j+1} \right)^4. \quad (3.8)$$

对于式 (3.8) 最后一行的第一项, 运用下列等式 (Sowell, 1990),

$$\sum_{k=1}^{n} \frac{\Gamma(a+k)}{\Gamma(b+k)} = \frac{1}{1+a-b} \left[\frac{\Gamma(1+a+n)}{\Gamma(b+n)} - \frac{\Gamma(1+a)}{\Gamma(b)} \right], \quad n \geqslant 1, \ a,b \neq -1, -2, \cdots, \quad (3.9)$$

即有

$$E \left(\sum_{j=0}^{k-1} \left(\sum_{s=0}^{j} b_s \right) u_{i,k-j} \right)^4$$

$$= \sum_{j=0}^{k-1} \left(\sum_{s=0}^{j} b_s \right)^4 \cdot E(u_{it}^4) + \sum_{\substack{j \neq l \\ 0 \leqslant j, l \leqslant k-1}} \left(\sum_{s=0}^{j} b_s \right)^2 \left(\sum_{s=0}^{l} b_s \right)^2 \cdot \sigma_u^4$$

$$= \sum_{j=0}^{k-1} \left[\sum_{s=0}^{j} \frac{\Gamma(s+d)}{\Gamma(d)\Gamma(s+1)} \right]^4 \cdot \left[E(u_{it}^4) - \sigma_u^4 \right] + \left\{ \sum_{j=0}^{k-1} \left[\sum_{s=0}^{j} \frac{\Gamma(s+d)}{\Gamma(d)\Gamma(s+1)} \right]^2 \right\}^2 \cdot \sigma_u^4$$

$$= \frac{E(u_{it}^4) - \sigma_u^4}{\Gamma^4(1+d)} \sum_{j=0}^{k-1} \left[\frac{\Gamma(1+j+d)}{\Gamma(1+j)} \right]^4 + \frac{\sigma_u^4}{\Gamma^4(1+d)} \left\{ \sum_{j=0}^{k-1} \left[\frac{\Gamma(1+j+d)}{\Gamma(1+j)} \right]^2 \right\}^2.$$

又因为

$$\frac{\Gamma(1+j+d)}{\Gamma(1+j)} = O \left((1+j)^d \right),$$

故

$$\left\{ \sum_{j=0}^{k-1} \left[\frac{\Gamma(1+j+d)}{\Gamma(1+j)} \right]^2 \right\}^2 = O(k^{2+4d}),$$

且

$$\sum_{j=0}^{k-1} \left[\frac{\Gamma(1+j+d)}{\Gamma(1+j)} \right]^4 = \begin{cases} O(1), & -0.5 < d < -0.25, \\ O(\log k), & d = -0.25, \\ O(k^{1+4d}), & -0.25 < d < 0. \end{cases}$$

因此

$$E\left(\sum_{j=0}^{k-1}\left(\sum_{s=0}^{j}b_s\right)u_{i,k-j}\right)^4 = O(k^{2+4d}). \tag{3.10}$$

对于式 (3.8) 最后一行的第二项, 易得

$$E\left(\sum_{j=1}^{\infty}\left(\sum_{s=j}^{k+j-1}b_s\right)u_{i,-j+1}\right)^4$$

$$= \sum_{j=1}^{\infty}\left(\sum_{s=j}^{k+j-1}b_s\right)^4(E(u_{it}^4)-\sigma_u^4) + \left[\sum_{j=1}^{\infty}\left(\sum_{s=j}^{k+j-1}b_s\right)^2\right]^2\sigma_u^4.$$

由式 (3.9) 可得

$$\begin{aligned}
\sum_{s=j}^{k+j-1}b_s &= \frac{\Gamma(d+k+j)}{\Gamma(k+j)\Gamma(d+1)} - \frac{\Gamma(d+j)}{\Gamma(j)\Gamma(d+1)} \\
&= \frac{1}{\Gamma(d+1)}[(k-1+j+d)\cdots(j+1+d)(j+d) \\
&\quad -(k-1+j)\cdots(j+1)j]\frac{\Gamma(d+j)}{\Gamma(k+j)} \\
&= O(j^{k-1})\cdot O(j^{d-k}) \\
&= O(j^{d-1}),
\end{aligned}$$

故

$$E\left(\sum_{j=1}^{\infty}\left(\sum_{s=j}^{k+j-1}b_s\right)u_{i,-j+1}\right)^4 = O(1). \tag{3.11}$$

综合结论式 (3.8), 式 (3.10) 和式 (3.11), 即得证.

引理 3.2 对于模型 (3.1), 若假设 B1 成立, 则无论 T 是否有界, 对于 $k \in [1, T-1]$ 一致有,

$$\sup_{1<k<T}\left|\left[U_{NT}(k) - \frac{1}{NT}\sum_{i=1}^{N}\sum_{t=1}^{T}x_{it}^2\right] - E\left[U_{NT}(k) - \frac{1}{NT}\sum_{i=1}^{N}\sum_{t=1}^{T}x_{it}^2\right]\right|$$

$$\leqslant \max\left\{O_p\left(\frac{1}{\sqrt{NT}}\right), O_p\left(\frac{\sqrt{\lambda_N}}{NT^{0.5-d}}\right)\right\}.$$

证明 首先, 与 Bai (2010) 中的式 (20) 类似, 我们给出 $S_{NT}(k)$ 在 $k \leqslant k^0$ 和 $k > k^0$ 两种情况

下的表达式:

$$
\begin{aligned}
S_{NT}(k) =\ & \sum_{i=1}^{N}\sum_{t=1}^{T}x_{it}^2 - \frac{1}{k}\sum_{i=1}^{N}\left(\sum_{t=1}^{k}x_{it}\right)^2 - \frac{1}{T-k}\sum_{i=1}^{N}\left(\sum_{t=k+1}^{T}x_{it}\right)^2 \\
& +2\frac{T-k^0}{T-k}\sum_{i=1}^{N}\sum_{t=k+1}^{k^0}(\mu_{i1}-\mu_{i2})x_{it} - 2\frac{k^0-k}{T-k}\sum_{i=1}^{N}\sum_{t=k^0+1}^{T}(\mu_{i1}-\mu_{i2})x_{it} \\
& +\frac{(k^0-k)(T-k^0)}{T-k}\sum_{i=1}^{N}(\mu_{i2}-\mu_{i1})^2, \qquad k\in[1,k^0];
\end{aligned}
\tag{3.12}
$$

$$
\begin{aligned}
S_{NT}(k) =\ & \sum_{i=1}^{N}\sum_{t=1}^{T}x_{it}^2 - \frac{1}{k}\sum_{i=1}^{N}\left(\sum_{t=1}^{k}x_{it}\right)^2 - \frac{1}{T-k}\sum_{i=1}^{N}\left(\sum_{t=k+1}^{T}x_{it}\right)^2 \\
& +2\frac{k-k^0}{k}\sum_{i=1}^{N}\sum_{t=1}^{k^0}(\mu_{i1}-\mu_{i2})x_{it} - 2\frac{k^0}{k}\sum_{i=1}^{N}\sum_{t=k^0+1}^{k}(\mu_{i1}-\mu_{i2})x_{it} \\
& +\frac{(k-k^0)k^0}{k}\sum_{i=1}^{N}(\mu_{i2}-\mu_{i1})^2, \qquad k\in[k^0+1,T].
\end{aligned}
\tag{3.13}
$$

值得注意的是式 (3.12) 与 Bai (2010) 中的式 (20) 等价, 但表达式更为简洁. 由于对称性, 只需要考虑 $k\leqslant k^0$ 的情形, 故 Bai (2010) 并未给出式 (3.13), 同理, 本引理的证明也只给出 $k\leqslant k^0$ 情形下的详细过程. 由式 (3.12) 可得

$$
\begin{aligned}
& \sup_{1\leqslant k\leqslant k^0}\left|\left[U_{NT}(k) - \frac{1}{NT}\sum_{i=1}^{N}\sum_{t=1}^{T}x_{it}^2\right] - E\left[U_{NT}(k) - \frac{1}{NT}\sum_{i=1}^{N}\sum_{t=1}^{T}x_{it}^2\right]\right| \\
& \leqslant\ \sup_{1\leqslant k\leqslant k^0}\frac{1}{NT}\left|\frac{1}{k}\sum_{i=1}^{N}\left[\left(\sum_{t=1}^{k}x_{it}\right)^2 - E\left(\sum_{t=1}^{k}x_{it}\right)^2\right]\right| \\
& \quad +\sup_{1\leqslant k\leqslant k^0}\frac{1}{NT}\left|\frac{1}{T-k}\sum_{i=1}^{N}\left[\left(\sum_{t=k+1}^{T}x_{it}\right)^2 - E\left(\sum_{t=k+1}^{T}x_{it}\right)^2\right]\right| \\
& \quad +\sup_{1\leqslant k\leqslant k^0}\frac{2}{NT}\left|\frac{T-k^0}{T-k}\sum_{i=1}^{N}\sum_{t=k+1}^{k^0}(\mu_{i1}-\mu_{i2})x_{it}\right| \\
& \quad +\sup_{1\leqslant k\leqslant k^0}\frac{2}{NT}\left|\frac{k^0-k}{T-k}\sum_{i=1}^{N}\sum_{t=k^0+1}^{T}(\mu_{i1}-\mu_{i2})x_{it}\right|.
\end{aligned}
\tag{3.14}
$$

对于式 (3.14) 不等号右端第一项, 记

$$
\frac{1}{NT}\frac{1}{k}\sum_{i=1}^{N}\left[\left(\sum_{t=1}^{k}x_{it}\right)^2 - E\left(\sum_{t=1}^{k}x_{it}\right)^2\right] = \frac{k^{2d}}{T\sqrt{N}}\alpha_k,
$$

其中，

$$\alpha_k = \frac{1}{\sqrt{N}k^{1+2d}}\sum_{i=1}^{N}\left[\left(\sum_{t=1}^{k}x_{it}\right)^2 - E\left(\sum_{t=1}^{k}x_{it}\right)^2\right].$$

则，显然 $E(\alpha_k)=0$，且由引理 3.1可得

$$E(\alpha_k^2) \leqslant \frac{1}{k^{2+4d}}E\left(\sum_{t=1}^{k}x_{it}\right)^4 = O(1).$$

从而

$$\left[E(\sup_{1\leqslant k\leqslant k^0}|\alpha_k|)\right]^2 \leqslant E\left[(\sup_{1\leqslant k\leqslant k^0}|\alpha_k|)^2\right] \leqslant \sum_{k=1}^{k^0}E(\alpha_k^2) = O(T),$$

其中第一个不等式由 Jensen 不等式而得. 因此，

$$\sup_{1\leqslant k\leqslant k^0}|\alpha_k| = O_p(\sqrt{T}). \tag{3.15}$$

则

$$\sup_{1\leqslant k\leqslant k^0}\frac{1}{NT}\left|\frac{1}{k}\sum_{i=1}^{N}\left[\left(\sum_{t=1}^{k}x_{it}\right)^2 - E\left(\sum_{t=1}^{k}x_{it}\right)^2\right]\right|$$

$$\leqslant \sup_{1\leqslant k\leqslant k^0}\frac{k^{2d}}{T\sqrt{N}} \cdot \sup_{1\leqslant k\leqslant k^0}|\alpha_k| = O_p\left(\frac{1}{\sqrt{NT}}\right).$$

同理, 对于式 (3.14) 不等号右端第二项, 有

$$\sup_{1\leqslant k\leqslant k^0}\frac{1}{NT}\left|\frac{1}{T-k}\sum_{i=1}^{N}\left[\left(\sum_{t=k+1}^{T}x_{it}\right)^2 - E\left(\sum_{t=k+1}^{T}x_{it}\right)^2\right]\right| \leqslant O_p\left(\frac{1}{\sqrt{NT}}\right).$$

对于式 (3.14) 不等号右端第三项, 记

$$\frac{2}{NT}\frac{T-k^0}{T-k}\sum_{i=1}^{N}\sum_{t=k+1}^{k^0}(\mu_{i1}-\mu_{i2})x_{it} = \frac{2\sqrt{\lambda_N}}{NT}\frac{T-k^0}{T-k}\sum_{t=k+1}^{k^0}\beta_t, \tag{3.16}$$

其中，

$$\beta_t = \sum_{i=1}^{N}\frac{\mu_{i1}-\mu_{i2}}{\sqrt{\lambda_N}}x_{it}. \tag{3.17}$$

显然 $\beta_t \sim I(d)$, 且 $E(\beta_t) = 0$, $E(\beta_t^2) = E(x_{it}^2) < \infty$. 由 Wang 等 (2003) 中的定理 2.2 可得

$$\sup_{1 \leqslant k \leqslant k^0} \left| \sum_{t=k+1}^{k^0} \beta_t \right| = O_p(T^{0.5+d}),$$

进而有

$$\sup_{1 \leqslant k \leqslant k^0} \frac{2}{NT} \left| \frac{T-k^0}{T-k} \sum_{i=1}^{N} \sum_{t=k+1}^{k^0} (\mu_{i1} - \mu_{i2}) x_{it} \right|$$

$$\leqslant \frac{2\sqrt{\lambda_N}}{NT} \sup_{1 \leqslant k \leqslant k^0} \frac{T-k^0}{T-k} \cdot \sup_{1 \leqslant k \leqslant k^0} \left| \sum_{t=k+1}^{k^0} \beta_t \right| = O_p\left(\frac{\sqrt{\lambda_N}}{NT^{0.5-d}} \right).$$

对于式 (3.14) 不等号右端最后一项, 由于 $E\left(\sum_{i=1}^{N} \sum_{t=k^0+1}^{T} (\mu_{i1} - \mu_{i2}) x_{it} \right) = 0$, 且

$$E\left(\sum_{i=1}^{N} \sum_{t=k^0+1}^{T} (\mu_{i1} - \mu_{i2}) x_{it} \right)^2 = \sum_{i=1}^{N} (\mu_{i1} - \mu_{i2})^2 E\left(\sum_{t=k^0+1}^{T} x_{it} \right)^2$$

$$\leqslant C\lambda_N (T-k^0)^{1+2d}, \tag{3.18}$$

则

$$\sup_{1 < k \leqslant k^0} \frac{2}{NT} \left| \frac{k^0-k}{T-k} \sum_{i=1}^{N} \sum_{t=k^0+1}^{T} (\mu_{i1} - \mu_{i2}) x_{it} \right|$$

$$\leqslant \sup_{1 < k \leqslant k^0} \frac{2}{NT} \frac{k^0-k}{T-k} \cdot O_p\left(\sqrt{\lambda_N} T^{0.5+d} \right) = O_p\left(\frac{\sqrt{\lambda_N}}{NT^{0.5-d}} \right).$$

综上所述, 定理得证.

引理 3.3 对于模型 (3.1), 若假设 B1 成立, 无论 T 是否有界, 只要满足 $\frac{1}{T} = o\left(\frac{\lambda_N}{N} \right)$, 对所有 $k \in [1, T-1]$, 下式成立:

$$E\left[U_{NT}(k) \right] - E\left[U_{NT}(k^0) \right] \geqslant c \frac{\lambda_N |k - k^0|}{NT}, \tag{3.19}$$

其中, c 是一个与 τ^0 有关的正的常数.

证明 与引理 3.2 的证明类似, 在此只证明 $k \leqslant k^0$ 的情形. 由式 (3.12) 得

$$U_{NT}(k) - U_{NT}(k^0)$$

$$= \frac{1}{NT} \cdot \frac{(k^0-k)(T-k^0)}{T-k} \sum_{i=1}^{N}(\mu_{i2}-\mu_{i1})^2 - \frac{1}{NT}\sum_{i=1}^{N}\left[\frac{1}{k}\left(\sum_{t=1}^{k}x_{it}\right)^2 - \frac{1}{k^0}\left(\sum_{t=1}^{k^0}x_{it}\right)^2\right]$$

$$-\frac{1}{NT}\sum_{i=1}^{N}\left[\frac{1}{T-k}\left(\sum_{t=k+1}^{T}x_{it}\right)^2 - \frac{1}{T-k^0}\left(\sum_{t=k^0+1}^{T}x_{it}\right)^2\right]$$

$$+\frac{2}{NT}\frac{T-k^0}{T-k}\sum_{i=1}^{N}\sum_{t=k+1}^{k^0}(\mu_{i1}-\mu_{i2})x_{it} - \frac{2}{NT}\frac{k^0-k}{T-k}\sum_{i=1}^{N}\sum_{t=k^0+1}^{T}(\mu_{i1}-\mu_{i2})x_{it}. \quad (3.20)$$

显然式 (3.20) 等号右侧最后两项的数学期望为零. 此外, 式 (3.20) 等号右侧第一项是非随机项. 又, 对于 $k \in [1, k^0]$, 有 $(T-k^0)/(T-k) \geqslant (T-k^0)/T = 1 - \tau^0$, 故

$$\frac{1}{NT} \cdot \frac{(k^0-k)(T-k^0)}{T-k}\sum_{i=1}^{N}(\mu_{i2}-\mu_{i1})^2 \geqslant \frac{k^0-k}{NT}(1-\tau^0)\lambda_N.$$

对于式 (3.20) 等号右侧第二项和第三项, 当 $k \leqslant k^0$ 时, 由引理 1.3 可得

$$E\left\{\frac{1}{NT}\sum_{i=1}^{N}\left[\frac{1}{k}\left(\sum_{t=1}^{k}x_{it}\right)^2 - \frac{1}{k^0}\left(\sum_{t=1}^{k^0}x_{it}\right)^2\right]\right\}$$

$$= \frac{k^0-k}{T}\left\{E\left[\frac{1}{kk^0}\left(\sum_{t=1}^{k}x_{it}\right)^2\right] - E\left[\frac{2}{k^0(k^0-k)}\left(\sum_{t=1}^{k}x_{it}\right)\left(\sum_{t=k+1}^{k^0}x_{it}\right)\right]\right.$$

$$\left. - E\left[\frac{1}{k^0(k^0-k)}\left(\sum_{t=k+1}^{k^0}x_{it}\right)^2\right]\right\}$$

$$= \frac{k^0-k}{T} \cdot \left(O\left(\frac{k^{2d}}{k^0}\right) + O\left(\frac{1}{k^0}\right) + O\left(\frac{(k^0-k)^{2d}}{k^0}\right)\right)$$

$$\leqslant \frac{k^0-k}{T} \cdot O\left(\frac{1}{T}\right).$$

同理, 当 $k \leqslant k^0$ 时, 有

$$E\left\{\frac{1}{NT}\sum_{i=1}^{N}\left[\frac{1}{T-k}\left(\sum_{t=k+1}^{T}x_{it}\right)^2 - \frac{1}{T-k^0}\left(\sum_{t=k^0+1}^{T}x_{it}\right)^2\right]\right\} \leqslant \frac{k^0-k}{T} \cdot O\left(\frac{1}{T}\right).$$

又因为 $\frac{1}{T} = o\left(\frac{\lambda_N}{N}\right)$, 式 (3.20) 等号右侧第二项和第三项被第一项控制, 式 (3.19) 即得证.

在证明定理 3.1 之前, 引入两个记号:

$$
\begin{cases}
D = \{k : T\eta \leqslant k \leqslant T(1-\eta)\}, \\
D(k^0) = \{k : T\eta \leqslant k \leqslant T(1-\eta), k \neq k^0\}.
\end{cases}
$$

定理 3.1 的证明: 首先, 由假设 B3 可知 $\dfrac{1}{T} = o\left(\dfrac{\lambda_N}{N}\right)$. 然后, 由引理 3.3 可知, 对于所有的 $-0.5 < d < 0$, 当 $k \in [1, T-1]$ 时, 有

$$
\begin{aligned}
& U_{NT}(k) - U_{NT}(k^0) \\
= {} & \left[U_{NT}(k) - \frac{1}{NT}\sum_{i=1}^{N}\sum_{t=1}^{T} x_{it}^2 \right] - E\left[U_{NT}(k) - \frac{1}{NT}\sum_{i=1}^{N}\sum_{t=1}^{T} x_{it}^2 \right] \\
& - \left\{ \left[U_{NT}(k^0) - \frac{1}{NT}\sum_{i=1}^{N}\sum_{t=1}^{T} x_{it}^2 \right] - E\left[U_{NT}(k^0) - \frac{1}{NT}\sum_{i=1}^{N}\sum_{t=1}^{T} x_{it}^2 \right] \right\} \\
& + E[U_{NT}(k)] - E([U_{NT}(k^0)] \\
\geqslant {} & -2 \sup_{1 \leqslant k \leqslant T} \left| \left[U_{NT}(k) - \frac{1}{NT}\sum_{i=1}^{N}\sum_{t=1}^{T} x_{it}^2 \right] - E\left[U_{NT}(k) - \frac{1}{NT}\sum_{i=1}^{N}\sum_{t=1}^{T} x_{it}^2 \right] \right| \\
& + c\frac{\lambda_N |k - k^0|}{NT}.
\end{aligned}
$$

其次, 由于 $\hat{k} = \underset{k}{\arg\min} S_{NT}(k) = \underset{k}{\arg\min} U_{NT}(k)$, 故 $U_{NT}(\hat{k}) - U_{NT}(k^0) \leqslant 0$, 因此

$$
|\hat{k} - k^0| \leqslant \frac{2NT}{c\lambda_N} \sup_{1 \leqslant k \leqslant T} \left| \left[U_{NT}(k) - \frac{1}{NT}\sum_{i=1}^{N}\sum_{t=1}^{T} x_{it}^2 \right] - E\left[U_{NT}(k) - \frac{1}{NT}\sum_{i=1}^{N}\sum_{t=1}^{T} x_{it}^2 \right] \right|.
\tag{3.21}
$$

再结合式 (3.21) 和引理 3.2, 由假设 B3 得

$$
\begin{aligned}
|\hat{k} - k^0| &\leqslant \frac{NT}{\lambda_N} \cdot \max\left\{ O_p\left(\frac{1}{\sqrt{NT}} \right), O_p\left(\frac{\sqrt{\lambda_N}}{NT^{0.5-d}} \right) \right\} \\
&= O_p(T).
\end{aligned}
\tag{3.22}
$$

当 T 有界时, 由上述结论可直接证明 $|\hat{k} - k^0| = O_p(1)$.

当 T 无界时, 结论 (3.22) 表明, 对任意的 $\epsilon > 0$, 有 $\lim\limits_{N,T\to\infty} P\big(\big|\hat{k} - k^0\big| \leqslant T\epsilon\big) = 1$. 因此, 存在 $\eta > 0$ 满足 $\tau^0 \in (\eta, 1-\eta)$, 使得

$$\lim_{N,T\to\infty} P(\hat{k} \in [T\eta, T(1-\eta)]) = 1. \tag{3.23}$$

考虑到

$$
\begin{aligned}
P(\hat{k} \neq k^0) &= P(\hat{k} \notin D, \hat{k} \neq k^0) + P(\hat{k} \in D, \hat{k} \neq k^0) \\
&\leqslant P(\hat{k} \notin D) + P(\hat{k} \in D(k^0)) \\
&\leqslant P(\hat{k} \notin D) + P\left(\min_{k\in D(k^0)} U_{NT}(k) - U_{NT}(k^0) \leqslant 0\right),
\end{aligned}
$$

结合结论 (3.23) 和下述引理 3.4可得 $|\hat{k} - k^0| = o_p(1)$.

引理 3.4 对于模型 (3.1), 在定理 3.1的假设条件下, 当 $N, T \to \infty$ 时, 有

$$P\left(\min_{k\in D(k^0)} U_{NT}(k) - U_{NT}(k^0) \leqslant 0\right) \to 0.$$

证明 只需证明当 $N, T \to \infty$ 时, $P\left(\min\limits_{k\in D(k^0)} S_{NT}(k) - S_{NT}(k^0) > 0\right) \to 1$ 成立即可. 同样我们只证明 $k < k^0$ 的情形. 由式 (3.20) 得,

$$
\begin{aligned}
&S_{NT}(k) - S_{NT}(k^0) \\
&= \frac{(k^0-k)(T-k^0)}{T-k}\sum_{i=1}^N(\mu_{i2}-\mu_{i1})^2 - \sum_{i=1}^N\left[\frac{1}{k}\left(\sum_{t=1}^k x_{it}\right)^2 - \frac{1}{k^0}\left(\sum_{t=1}^{k^0} x_{it}\right)^2\right] \\
&\quad - \sum_{i=1}^N\left[\frac{1}{T-k}\left(\sum_{t=k+1}^T x_{it}\right)^2 - \frac{1}{T-k^0}\left(\sum_{t=k^0+1}^T x_{it}\right)^2\right] \\
&\quad + 2\frac{T-k^0}{T-k}\sum_{i=1}^N\sum_{t=k+1}^{k^0}(\mu_{i1}-\mu_{i2})x_{it} - 2\frac{k^0-k}{T-k}\sum_{i=1}^N\sum_{t=k^0+1}^T(\mu_{i1}-\mu_{i2})x_{it}. \tag{3.24}
\end{aligned}
$$

接下来, 我们将分别讨论式 (3.24) 等号右端的每一项, 并说明式 (3.24) 等号右端的第一项是主项且趋于无穷.

对于第一项, 显然

$$\frac{(k^0-k)(T-k^0)}{T-k}\sum_{i=1}^N(\mu_{i2}-\mu_{i1})^2 \geq (1-\tau^0)(k^0-k)\lambda_N.$$

对于第二项, 由于

$$\sum_{i=1}^{N}\left[\frac{1}{k}\left(\sum_{t=1}^{k}x_{it}\right)^2-\frac{1}{k^0}\left(\sum_{t=1}^{k^0}x_{it}\right)^2\right]$$

$$= (k^0-k)\sum_{i=1}^{N}\left[\frac{1}{kk^0}\left(\sum_{t=1}^{k}x_{it}\right)^2-\frac{2}{k^0(k^0-k)}\left(\sum_{t=1}^{k}x_{it}\right)\left(\sum_{t=k+1}^{k^0}x_{it}\right)\right.$$

$$\left.-\frac{1}{k^0(k^0-k)}\left(\sum_{t=k+1}^{k^0}x_{it}\right)^2\right]$$

$$= (k^0-k)\left\{\frac{N}{k^0}\frac{1}{N}\sum_{i=1}^{N}\frac{1}{k}\left(\sum_{t=1}^{k}x_{it}\right)^2-\frac{N}{k^0}\frac{1}{N}\sum_{i=1}^{N}\frac{1}{k^0-k}\left(\sum_{t=k+1}^{k^0}x_{it}\right)^2\right.$$

$$\left.-2\frac{N}{(k^0)^{0.5-d}}\frac{1}{N}\sum_{i=1}^{N}\left[\left(\frac{1}{(k^0)^{0.5+d}}\sum_{t=1}^{k}x_{it}\right)\left(\frac{1}{k^0-k}\sum_{t=k+1}^{k^0}x_{it}\right)\right]\right\},$$

我们将说明当 $k \in D(k^0)$ 且 $k < k^0$ 时, 上式大括号中的每一项都被 λ_N 控制. 由于当 $k \in D(k^0)$ 时有 $T\eta \leqslant k$, 应用泛函中心极限定理, 可得

$$\sup_{T\eta\leqslant k<k^0}\frac{N}{k^0}\frac{1}{N}\sum_{i=1}^{N}\frac{1}{k}\left(\sum_{t=1}^{k}x_{it}\right)^2 = \sup_{T\eta\leqslant k<k^0}\frac{Nk^{2d}}{k^0}\frac{1}{N}\sum_{i=1}^{N}\left(\frac{1}{k^{0.5+d}}\sum_{t=1}^{k}x_{it}\right)^2$$

$$= O_p\left(\frac{NT^{2d}}{T}\right)=O_p(\lambda_N).$$

对于大括号中的第二项, 由引理 1.1 得

$$\sup_{T\eta\leqslant k<k^0}\frac{N}{k^0}\frac{1}{N}\sum_{i=1}^{N}\frac{1}{k^0-k}\left(\sum_{t=k+1}^{k^0}x_{it}\right)^2 \leqslant \frac{N}{k^0}\frac{1}{N}\sum_{i=1}^{N}\left(\sup_{1\leqslant k<k^0}\frac{1}{\sqrt{k^0-k}}\left|\sum_{t=k+1}^{k^0}x_{it}\right|\right)^2$$

$$= O_p\left(\frac{N\log T}{T}\right)=O_p(\lambda_N).$$

同理, 对于大括号中的最后一项, 由引理 1.1 得

$$\sup_{T\eta\leqslant k<k^0}\frac{N}{(k^0)^{0.5-d}}\frac{1}{N}\left|\sum_{i=1}^{N}\left[\left(\frac{1}{(k^0)^{0.5+d}}\sum_{t=1}^{k}x_{it}\right)\left(\frac{1}{k^0-k}\sum_{t=k+1}^{k^0}x_{it}\right)\right]\right|$$

$$\leqslant \frac{N}{(k^0)^{0.5-d}}\frac{1}{N}\sum_{i=1}^{N}\sup_{1\leqslant k<k^0}\left|\frac{1}{(k^0)^{0.5+d}}\sum_{t=1}^{k}x_{it}\right|\cdot\sup_{1\leqslant k<k^0}\left|\frac{1}{\sqrt{k^0-k}}\sum_{t=k+1}^{k^0}x_{it}\right|$$

$$= O_p\left(\frac{N\sqrt{\log T}}{T^{0.5-d}}\right)=O_p(\lambda_N).$$

因此, 说明了式 (3.24) 等号右端的第二项被第一项控制.

同理可证式 (3.24) 等号右端的第三项被第一项控制.

对于式 (3.24) 等号右端的第四项,

$$\frac{2}{(k^0-k)\lambda_N}\frac{T-k^0}{T-k}\sum_{i=1}^{N}\sum_{t=k+1}^{k^0}(\mu_{i1}-\mu_{i2})x_{it}=\frac{2}{\sqrt{\lambda_N}}\frac{T-k^0}{T-k}\frac{1}{k^0-k}\sum_{t=k+1}^{k^0}\beta_t,$$

其中 β_t 的定义见式 (3.17). 由引理 1.2 和引理 1.3 易得

$$E(\beta_t^4)\leqslant CE(x_{1t}^4)<\infty.$$

又因为引理 1.1, 故

$$\sup_{1\leqslant k\leqslant k^0}\frac{1}{k^0-k}\left|\sum_{t=k+1}^{k^0}\beta_t\right|\leqslant\sup_{1\leqslant k\leqslant k^0}\frac{1}{\sqrt{k^0-k}}\left|\sum_{t=k+1}^{k^0}\beta_t\right|=O_p(\sqrt{\log T}).$$

又当 $k<k^0$ 时有 $T-k\geqslant T-k^0$, 故

$$\frac{2}{(k^0-k)\lambda_N}\frac{T-k^0}{T-k}\sum_{i=1}^{N}\sum_{t=k+1}^{k^0}(\mu_{i1}-\mu_{i2})x_{it}=O_p\left(\sqrt{\frac{\log T}{\lambda_N}}\right)=O_p(1).$$

因此, 即得证式 (3.24) 等号右端的第三项被第一项控制.

对于式 (3.24) 等号右端的最后一项, 由式 (3.18) 可得,

$$\sup_{T\eta\leqslant k<k^0}\left|\frac{1}{(k^0-k)\lambda_N}\cdot\frac{k^0-k}{T-k}\sum_{i=1}^{N}\sum_{t=k^0+1}^{T}(\mu_{i1}-\mu_{i2})x_{it}\right|$$

$$\leqslant\frac{C}{\lambda_N T}\left|\sum_{i=1}^{N}\sum_{t=k^0+1}^{T}(\mu_{i1}-\mu_{i2})x_{it}\right|$$

$$=O_p\left(\frac{\sqrt{\lambda_N T^{1+2d}}}{\lambda_N T}\right)=O_p(1).$$

即说明最后一项受第一项控制.

综上可得, 当 $k\in D(k^0)$ 且 $k<k^0$ 时,

$$S_{NT}(k)-S_{NT}(k^0)=(1-\tau^0)(k^0-k)\lambda_N(1+o_p(1)).$$

由于 $\min_{k\in D(k^0),k<k^0}S_{NT}(k)-S_{NT}(k^0)\geqslant(1-\tau^0)\lambda_N(1+o_p(1))$, 且当 $N\to\infty$ 时 λ_N 趋于无穷, 故当 $N,T\to\infty$ 时有 $P\left(\min_{k\in D(k^0)}S_{NT}(k)-S_{NT}(k^0)>0\right)\to 1$.

定理 3.2 的证明：当 $N, T \to \infty$ 时, 由式 (3.22) 易得, 在假设 B4 和 B5 的前提下, 下述结论依然成立:

$$|\hat{k} - k^0| = o_p(T).$$

即有当 $N, T \to \infty$ 时 $P(\hat{k} \in D) \to 1$. 回顾定理 3.1 的证明, 为了完成定理 3.2 的证明, 只需要说明对任意 $\epsilon > 0$, 存在常数 $M > 0$, 使得对任意大的 N, T 有 $P(|\hat{k} - k^0| > M) < \epsilon$. 即, 只需证明对任意 $\epsilon > 0$, 存在常数 $M > 0$, 使得对任意大的 N, T 有

$$P\left(\min_{k \in D, |k - k^0| > M} S_{NT}(k) - S_{NT}(k^0) \leqslant 0\right) < \epsilon.$$

接下来, 我们将说明当 $k \in D$ 且 $|k - k^0| > M$ 时, $S_{NT}(k) - S_{NT}(k^0) > 0$ 将以大概率一致成立. 同样的, 由于对称性, 我们只介绍 $k < k^0$ 的情形. 前文式 (3.24) 已给出 $S_{NT}(k) - S_{NT}(k^0)$ 的表达式.

对于式 (3.24) 等号右侧第一项,

$$\frac{(k^0 - k)(T - k^0)}{T - k} \sum_{i=1}^{N} (\mu_{i2} - \mu_{i1})^2 \geqslant (1 - \tau^0)(k^0 - k)\lambda_N = (k^0 - k)O(1),$$

且在上式中 $O(1)$ 是一个精确的阶, 而非 $o(1)$. 下面我们将证明在假设 B4 和 B5 的前提下, 式 (3.24) 等号右侧第一项依然是主项. 我们将主要比较第四项与第一项的大小, 因为其他项的证明可类似地参考定理 3.1 的证明.

对于式 (3.24) 等号右侧第四项, 回顾式 (3.16) 和式 (3.17), 运用引理 1.1 可得

$$\sup_{k^0 - k > M} \frac{1}{k^0 - k} \left| \sum_{t=k+1}^{k^0} \beta_t \right| = O_p\left(\frac{1}{\sqrt{M}}\right),$$

即说明

$$\sup_{k^0 - k > M} \frac{2}{(k^0 - k)\lambda_N} \frac{T - k^0}{T - k} \sum_{i=1}^{N} \sum_{t=k+1}^{k^0} (\mu_{i1} - \mu_{i2})x_{it}$$
$$= \sup_{k^0 - k > M} 2\sqrt{\lambda_N} \frac{T - k^0}{T - k} \frac{1}{k^0 - k} \sum_{t=k+1}^{k^0} \beta_t = O_p\left(\frac{1}{\sqrt{M}}\right),$$

也就意味着当 N 充分大时, 式 (3.24) 等号右侧第四项受第一项控制.

证毕.

定理 3.3 的证明：构造过程 $\Delta_{NT}(l) = S_{NT}(k^0 + l) - S_{NT}(k^0), |l| \leqslant M$. 记 $\hat{l} = \arg\min_l \Delta_{NT}(l)$, 则 $\hat{l} = \hat{k} - k^0$.

首先, 我们讨论 $-M \leqslant l < 0$ 情形. 将 $k = k^0 + l$ 代入式 (3.24), 得

$$
\begin{aligned}
\Delta_{NT}(l) &= \frac{-l(T-k^0)}{T-k^0-l} \sum_{i=1}^{N} (\mu_{i2}-\mu_{i1})^2 - \sum_{i=1}^{N} \left[\frac{1}{k^0+l} \left(\sum_{t=1}^{k^0+l} x_{it} \right)^2 - \frac{1}{k^0} \left(\sum_{t=1}^{k^0} x_{it} \right)^2 \right] \\
&\quad - \sum_{i=1}^{N} \left[\frac{1}{T-k^0-l} \left(\sum_{t=k^0+l+1}^{T} x_{it} \right)^2 - \frac{1}{T-k^0} \left(\sum_{t=k^0+1}^{T} x_{it} \right)^2 \right] \\
&\quad + 2\frac{T-k^0}{T-k^0-l} \sum_{i=1}^{N} \sum_{t=k^0+l+1}^{k^0} (\mu_{i1}-\mu_{i2}) x_{it} - 2\frac{-l}{T-k^0-l} \sum_{i=1}^{N} \sum_{t=k^0+1}^{T} (\mu_{i1}-\mu_{i2}) x_{it}.
\end{aligned}
$$

由定理 3.2 的证明可以看出上式等号右侧第一项和第四项的阶为 $O_p(1)$, 其他项的阶都是 $o_p(1)$. 对于第一项, 显然

$$
\frac{-l(T-k^0)}{T-k^0-l} \sum_{i=1}^{N} (\mu_{i2}-\mu_{i1})^2 \to -l\lambda. \tag{3.25}
$$

至于第四项, 对每个 i 都有 $\mu_{i1} - \mu_{i2} = \Delta_i / \sqrt{N} \to 0$, 且 $E(u_{it}^4)$ 有限,

$$
\begin{aligned}
&2\frac{T-k^0}{T-k^0-l} \sum_{i=1}^{N} \sum_{t=k^0+l+1}^{k^0} (\mu_{i1}-\mu_{i2}) x_{it} \\
&= 2\frac{T-k^0}{T-k^0-l} \sum_{t=k^0+l+1}^{k^0} \sum_{i=1}^{N} (\mu_{i1}-\mu_{i2})(1-B)^{-d} u_{it} \\
&= 2\frac{T-k^0}{T-k^0-l} \sqrt{\sigma_u^2 \lambda_N} \sum_{t=k^0+l+1}^{k^0} (1-B)^{-d} \left[\frac{1}{\sqrt{\sigma_u^2 \lambda_N}} \sum_{i=1}^{N} (\mu_{i1}-\mu_{i2}) u_{it} \right].
\end{aligned}
$$

并且对于任意 $0 < \delta < 2$, 有

$$
\begin{aligned}
\frac{1}{(\sigma_u^2 \lambda_N)^{1+\delta/2}} \sum_{i=1}^{N} E|(\mu_{i1}-\mu_{i2}) u_{it}|^{2+\delta} &\leqslant \frac{C}{(\sigma_u^2 \lambda_N)^{1+\delta/2}} \sum_{i=1}^{N} |\mu_{i1}-\mu_{i2}|^{2+\delta} \\
&\leqslant \frac{C\lambda_N}{(\sigma_u^2 \lambda_N)^{1+\delta/2}} \max_{1 \leqslant i \leqslant N} |\mu_{i1}-\mu_{i2}|^\delta \to 0.
\end{aligned}
$$

因此, 由李雅普诺夫中心极限定理得 $\frac{1}{\sqrt{\sigma_u^2 \lambda_N}} \sum_{i=1}^{N} (\mu_{i1}-\mu_{i2}) u_{it} \xrightarrow{d} Z_t$, 其中 Z_t 是标准正态随机变量. 注意到 $Z_t, t = k^0+l+1, \cdots, k^0$ 是相互独立的, 因此有

$$
\begin{aligned}
2\frac{T-k^0}{T-k^0-l} \sum_{i=1}^{N} \sum_{t=k^0+l+1}^{k^0} (\mu_{i1}-\mu_{i2}) x_{it} &\xrightarrow{d} 2\sqrt{\sigma_u^2 \lambda} \sum_{t=k^0+l+1}^{k^0} (1-B)^{-d} Z_t \\
&\overset{d}{=} 2\sqrt{\sigma_u^2 \lambda} \sum_{t=l}^{-1} (1-B)^{-d} Z_t. \tag{3.26}
\end{aligned}
$$

综合式 (3.25) 和式 (3.26) 可得

$$\Delta_{NT}(l) \xrightarrow{d} -l\lambda + 2\sqrt{\sigma_u^2 \lambda} \sum_{t=l}^{-1} (1-B)^{-d} Z_t. \tag{3.27}$$

当 $0 < l \leqslant M$ 时, 类似地, 由式 (3.13) 可得

$$
\begin{aligned}
\Delta_{NT}(l) &= \frac{lk^0}{k^0+l} \sum_{i=1}^{N} (\mu_{i2}-\mu_{i1})^2 - \sum_{i=1}^{N} \left[\frac{1}{k^0+l} \left(\sum_{t=1}^{k^0+l} x_{it} \right)^2 - \frac{1}{k^0} \left(\sum_{t=1}^{k^0} x_{it} \right)^2 \right] \\
&\quad - \sum_{i=1}^{N} \left[\frac{1}{T-k^0-l} \left(\sum_{t=k^0+l+1}^{T} x_{it} \right)^2 - \frac{1}{T-k^0} \left(\sum_{t=k^0+1}^{T} x_{it} \right)^2 \right] \\
&\quad + 2\frac{l}{k^0+l} \sum_{i=1}^{N} \sum_{t=1}^{k^0} (\mu_{i1}-\mu_{i2})x_{it} + 2\frac{k^0}{k^0+l} \sum_{i=1}^{N} (\mu_{i2}-\mu_{i1}) \sum_{t=k^0+1}^{k^0+l} x_{it} \\
&\xrightarrow{d} l\lambda + 2\sqrt{\sigma_u^2 \lambda} \sum_{t=1}^{l} (1-B)^{-d} Z_t. \tag{3.28}
\end{aligned}
$$

综合式 (3.27) 和式 (3.28), 再结合 $\arg\max / \arg\min$ 函数的连续映照定理即可证明定理 3.3.

第 4 章　长记忆面板数据的均值变点估计

本章将介绍长记忆面板数据的均值变点估计,具体分为单变点模型、双变点模型和多变点模型三种模型的变点估计,并在变点信号为强中弱三种强度下进行讨论.

4.1　模型与结论

4.1.1　单公共变点模型

我们首先介绍单变点模型,模型与第三 章中模型 (3.1) 类似,来自于 Bai (2010):

$$\begin{cases} y_{it} = \mu_{i1} + x_{it}, & t = 1, \cdots, k^0, \\ y_{it} = \mu_{i2} + x_{it}, & t = k^0 + 1, \cdots, T, \end{cases} \qquad i = 1, 2, \cdots, N, \tag{4.1}$$

其中, N 是序列个数, T 是每个序列的样本量, k^0 是某个未知的变点, μ_{i1} 和 μ_{i2} 分别为变点前后模型的均值. N 个序列之间互相独立. 对于每个 i, 模型误差 $\{x_{it}, t \geqslant 1\}$ 是 $I(d_i)$ 过程, 其中 $d_i \in (0, 0.5)$, 具有长记忆性质.

与第 3 章类似, 样本量 T 分为固定和非固定两种情形: 在前者, k 是 1 到 $T-1$ 内任意整数; 在后者, $k^0 = \lfloor \tau^0 T \rfloor$, 其中 τ^0 是 $(0,1)$ 区间内的某个常数, 通常被称为变分点. $\mu_{i2} - \mu_{i1}$ 可以是随机的也可以是非随机的, 但与 x_{it} 独立, 且对于所有序列有 $E(\mu_{i2} - \mu_{i1})^2 \leqslant M < \infty$. 为了避免技术复杂性, 在理论部分我们假定 $\mu_{i2} - \mu_{i1}$ 是非随机的. 同样, 并不要求所有序列都存在变点, 即存在某些序列的均值差值 $\mu_{i2} - \mu_{i1}$ 为零.

同样地, 记

$$\lambda_N = \sum_{i=1}^{N} (\mu_{i2} - \mu_{i1})^2. \tag{4.2}$$

直观上看, λ_N 越小, 估计变点的难度越大. 因此, λ_N 的大小对变点估计量的渐近性质有着显著的影响. 本章称 λ_N 为模型 (4.1) 的变点信号, 对应地称 $\frac{\lambda_N}{N}$ 为单个序列的平均变点信号. 接下来, 我们在三种情形下进行讨论: (1) 强变点信号: 当 $N \to \infty$ 时, $\lambda_N \to \infty$; (2) 中等变点信号: 当 $N \to \infty$ 时, $\lambda_N \to \lambda$, λ 是一个正的常数; (3) 弱变点信号: 当 $N \to \infty$ 时, $\lambda_N \to 0$.

本节我们依然使用最小二乘法来估计模型 (4.1) 中的变点 k^0, 其估计量定义为

$$\hat{k} = \underset{1 \leqslant k \leqslant T-1}{\arg\min} \, S_{NT}(k), \tag{4.3}$$

$S_{NT}(k)$ 为残差平方和, 具体表达式如下:

$$S_{NT}(k) = \sum_{i=1}^{N} \left[\sum_{t=1}^{k} \left(y_{it} - \overline{y}_i(k) \right)^2 + \sum_{t=k+1}^{T} \left(y_{it} - \overline{y}_i^*(k) \right)^2 \right], \tag{4.4}$$

$\overline{y}_i(k) = \dfrac{1}{k} \sum_{t=1}^{k} y_{it}$ 和 $\overline{y}_i^*(k) = \dfrac{1}{T-k} \sum_{t=k+1}^{T} y_{it}$ 分别表示第 i 个序列的前 k 个样本均值和后 $T-k$ 个样本均值. 对应的变分点 τ^0 的最小二乘估计量定义为 $\hat{\tau} = \hat{k}/T$.

在介绍理论结果之前, 需要对模型 (4.1) 做一些基本假设.

- 假设 C1: 对每个 $i \geqslant 1$, $\{x_{it}, t \geqslant 1\}$ 是 $I(d_i)$ 过程, 其中 $0 < d_i < 0.5$, 具有长程相依性质. 具体地, 对每个 $i \geqslant 1$,

$$(1-B)^{d_i} x_{it} = u_{it},$$

其中, u_{it} 是关于 i 的独立同分布随机变量, 均值为零, 方差 σ_i^2 有限. 此外, 进一步假设 $\sup\limits_{i \geqslant 1} \sigma_i^2 < \infty$, 且当 $N \to \infty$ 时, 有 $\min\limits_{1 \leqslant i \leqslant N} d_i \to \underline{d} \geqslant 0$ 和 $\max\limits_{1 \leqslant i \leqslant N} d_i \to \overline{d} < 0.5$.

- 假设 C2: $0 < \tau^0 < 1$.

- 假设 C3: (i) 无论 T 是否有界, 当 $N \to \infty$ 时, $\dfrac{N}{T^{0.5 - \max\limits_{1 \leqslant i \leqslant N} d_i}} = O(\lambda_N)$.

  (ii) 当 $N, T \to \infty$ 时, $\dfrac{N}{T^{0.5 - \max\limits_{1 \leqslant i \leqslant N} d_i}} = O(\lambda_N)$.

  (iii) 当 $N, T \to \infty$ 时, $\dfrac{N}{T^{0.5 - \max\limits_{1 \leqslant i \leqslant N} d_i}} = O(\sqrt{\lambda_N})$ 且 $\dfrac{\sqrt{N \log T}}{T^{0.5 - \max\limits_{1 \leqslant i \leqslant N} d_i}} = O(\sqrt{\lambda_N})$.

注 4.1　(1) 在假设 C1 中, N 个序列, $\{x_{it}, t \geqslant 1\}, i = 1, \cdots, N$, 可以有不同的相依程度. 此外, 所有的记忆参数都不靠近 0.5, 这是由于当记忆参数大于等于 0.5 时序列不再具有平稳性; 而记忆参数的极小值可以为零. 在假设 C1 中, u_{it} 二阶矩的存在保证了长程相依随机变量的 Hájek-Rényi 不等式 (见 Lavielle 和 Moulines, 2000) 和泛函中心极限定理 (Wang 等, 2003), 这

两者都是变点分析中的重要工具. 具体地, 由 Wang 等 (2003) 可知, 对于任意给定 $i \geqslant 1$, 当 $T \to \infty$ 时,

$$\frac{1}{T^{0.5+d_i}} \sum_{t=1}^{\lfloor Tr \rfloor} x_{it} \Rightarrow \sigma_i \kappa(d_i) B_{d_i}(r), \ \ 0 < r \leqslant 1,$$

其中, $B_{d_i}(\cdot)$ 为 Hurst 指数 $H = 0.5 + d_i$ 的分数布朗运动 (Mandelbrot 和 Van Ness, 1968), 在式 (1.2) 中将 d 改为 d_i 即得 $\kappa(d_i)$ 的表达式. 另外, 允许 u_{it} 对不同的 i 具有异方差性, x_{it} 同理.

(2) 假设 C2 是变点文章的一般假设, 保证了当样本量 T 有界时, k^0 可以是 $[1, T-1]$ 区间内的任意整数; 而当样本量无界时, 变点不靠近边界.

(3) 假设 C3 包含三种情形. 在情形 (i) 中, 平均变点信号强度 $\frac{\lambda_N}{N}$ 的阶远大于 $\frac{1}{T^{0.5 - \max\limits_{1 \leqslant i \leqslant N} d_i}}$, 这用于探讨在强变点信号下 $\hat{k}$ 的渐近表现. 在情形 (ii) 中, 平均变点信号强度 $\frac{\lambda_N}{N}$ 不小于 $\frac{1}{T^{0.5 - \max\limits_{1 \leqslant i \leqslant N} d_i}}$, 用来在中等变点信号下分析 $\hat{k}$ 的渐近性质. 在情形 (iii) 中, 平均变点信号强度 $\frac{\lambda_N}{N}$ 不小于 $\frac{N}{T^{1-2 \max\limits_{1 \leqslant i \leqslant N} d_i}}$ 且远大于 $\frac{\log T}{T^{1-2 \max\limits_{1 \leqslant i \leqslant N} d_i}}$, 用来分析弱变点信号下 $\hat{k}$ 的渐近性质. 此外, 在情形 (iii) 中, 当 $N, T \to \infty$ 时, 若条件 $\log T = O(\sqrt{N})$ 成立, 则条件 $\frac{\sqrt{N \log T}}{T^{0.5 - \max\limits_{1 \leqslant i \leqslant N} d_i}} = O(\sqrt{\lambda_N})$ 可以省略.

下述定理则分别讨论了在强中弱三种变点信号强度下, 变点估计量 $\hat{k}$ 的估计精度.

定理 4.1 对于模型 (4.1), 如果假设 C1 和 C2 成立, 则下述结论成立:

(1) 若条件 $\lim\limits_{N \to \infty} \lambda_N = \infty$ 和假设 C3(i) 成立, 那么

$$\lim_{N \to \infty} P(\hat{k} = k^0) = 1.$$

(2) 若条件 $\lim\limits_{N \to \infty} \lambda_N = \lambda (0 < \lambda < \infty)$ 和假设 C3(ii) 成立, 那么当 $N, T \to \infty$ 时,

$$\hat{k} - k^0 = O_p(1).$$

(3) 若条件 $\lim\limits_{N \to \infty} \lambda_N = 0$ 和假设 C3(iii) 成立, 那么当 $N, T \to \infty$ 时,

$$|\hat{k} - k^0| = O_p\left(\lambda_N^{-1/\left(1 - 2 \max\limits_{1 \leqslant i \leqslant N} d_i\right)} \right).$$

注 4.2　值得注意的是, 在每种变点信号强度下, 部分序列的变点差值 $\mu_{i2} - \mu_{i1}$ 可以为零, 即这些序列不含变点. 然而, 在强变点信号下, 需在两种情况下讨论各序列的变点差值: (1) 差值固定, 即所有的差值 $\mu_{i2} - \mu_{i1}$ 都固定, 且与 N 和 T 独立; (2) 差值收缩, 具体为 $\mu_{i2} - \mu_{i1} = \Delta_i / N^{\gamma_i}$, 其中 $0 < \sup\limits_{i \geqslant 1} \gamma_i < 0.5$ 且 $|\Delta_i|$ 一致有界. 同理, 在中等变点信号下, $\mu_{i2} - \mu_{i1} = \Delta_i / N^{\gamma_i}$, 其中所有的 γ_i 的值都与 0.5 接近; 在弱变点信号下, $\mu_{i2} - \mu_{i1} = \Delta_i / N^{\gamma_i}$ 且 $\inf\limits_{i \geqslant 1} \gamma_i > 0.5$. 此外, 在中等变点信号下, 由条件 $\lim\limits_{N \to \infty} \lambda_N = \lambda (0 < \lambda < \infty)$ 和假设 C3(ii) 可知 T 的发散速度远快于 N; 在弱变点信号下, $\lim\limits_{N \to \infty} \lambda_N = 0$ 和假设 C3(iii) 也可推出 T 的发散速度远快于 N, 且 λ_N 趋于零的速度不快于 $\dfrac{N^2}{T^{1 - 2\max\limits_{1 \leqslant i \leqslant N} d_i}}$ 且慢于 $\dfrac{N \log T}{T^{1 - 2\max\limits_{1 \leqslant i \leqslant N} d_i}}$.

定理 4.1 表明: (1) 在强变点信号下, $\hat{k}$ 是 k^0 的相合估计量, 且相合性并不要求样本量 T 无界. (2) 在中等变点信号下, $\hat{k}$ 是 k^0 的 $T-$ 相合估计量, $\hat{\tau}$ 是 τ^0 的相合估计量. (3) 在弱变点信号下, $\hat{k}$ 不再是 k^0 的 $T-$ 相合估计量, 且当 $N, T \to \infty$ 时, 估计误差趋于无穷. 然而, $\hat{\tau}$ 依然是 τ^0 的相合估计量.

此外, 定理 4.1 的结论 (3) 更表明了是记忆参数的极大值决定了 $\hat{k}$ 的发散速度. 当 $d_i \equiv d$ 时, $\hat{k}$ 的发散速度简化为 $\lambda_N^{-1/(1-2d)}$, 当 $d \in (0, 0.5)$ 时, $\lambda_N^{-1/(1-2d)}$ 递增, 意味着 d 越大, 估计变点的难度越大. 注意到, 当 $d = 0$ 时序列是独立同分布的, $d = 0.5$ 时序列是非平稳的, 直观上看确实 d 的增大会加大变点估计的难度.

最后, 由定理 4.1 可以看出只有在中等和弱变点信号下, $\hat{k}$ 有非退化的极限分布. 在介绍极限分布之前, 需引入一些假设条件.

- 假设 C4: 对于所有的 $i \geqslant 1$, 有 $\mu_{i2} - \mu_{i1} = \Delta_i / N^{\gamma_i}$ 且 $\lim\limits_{N \to \infty} \lambda_N = \lambda$, 其中, $0 < \lambda < \infty$, $\inf\limits_{i \geqslant 1} \gamma_i \geqslant 1/2$, $\sup\limits_{i \geqslant 1} |\Delta_i| \leqslant c_0$, c_0 为某个正的常数. 记

$$\lambda_N' = \sum_{i=1}^{N} (\mu_{i2} - \mu_{i1})^2 \sigma_i^2, \quad \gamma_N(k) = \sum_{i=1}^{N} (\mu_{i2} - \mu_{i1})^2 \gamma_i(k),$$

假定对于任意给定整数 k, 有

$$0 < \lim_{N \to \infty} \frac{\lambda_N'}{\lambda_N} = \sigma_u^2 < \infty, \quad \lim_{N \to \infty} \frac{\gamma_N(k)}{\lambda_N} = \gamma(k), \quad \text{其中} |\gamma(k)| < \infty.$$

并进一步假设存在某个 $\alpha > 0$, $\sup\limits_{i \geqslant 1} E(|x_{i1}|^{2+\alpha}) < \infty$.

注 4.3　假设 C4 表明, 所有的变点差值都以不慢于 $1/\sqrt{N}$ 的速度趋于零, 并使得 $\lim\limits_{N \to \infty} \lambda_N = \lambda$. 部分序列的变点差值可以为零. $\mu_{i2} - \mu_{i1} = \Delta_i / \sqrt{N}$ 是满足该条件的特殊情况, 其中

$\sup\limits_{i\geqslant 1}|\Delta_i| \leqslant c_0$. 另外, 条件 $\lambda'_N/\lambda_N \to \sigma_u^2$ 意味着大部分的 σ_i^2 应该在 σ_u^2 附近波动, 同理可知大部分序列的自协方差函数 $\gamma_i(k)$ 的值应该靠近 $\gamma(k)$. 条件 $\sup\limits_{i\geqslant 1} E(|x_{i1}|^{2+\alpha}) < \infty$ 保证了 $E(x_{i1}^2)$ 关于 i 一致有界, 再结合假设 C1, d_i 的一致有界性, 以及 $E(x_{i1}^2) = \dfrac{\Gamma(1-2d_i)}{\Gamma^2(1-d_i)}\sigma_i^2$, 进一步保证了存在某个常数 $c_1 > 0$ 使得 $\sup\limits_{i\geqslant 1}\sigma_i^2 = \sup\limits_{i\geqslant 1} E(u_{i1}^2) < c_1$. 条件 $\sup\limits_{i\geqslant 1} E(|x_{i1}|^{2+\alpha}) < \infty$ 在某些情形下可以适当弱化. 例如, 若 $d_i \equiv d \in (0, 0.5)$, 则该条件可替换为 u_{it}^2 的一致可积性, 即, 当 $\beta \to \infty$ 时, $\sup\limits_{i\geqslant 1} E(u_{it}^2 I\{|u_{it}| > \beta\}) \to 0$.

定理 4.2 对于模型 (4.1), 若假设 C1, C2, C3(ii) 和 C4 成立, 则当 $N, T \to \infty$ 时,

$$\hat{k} - k^0 \xrightarrow{d} \underset{l \in \{\cdots, -2, -1, 0, 1, 2, \cdots\}}{\arg\min} W(l),$$

其中,

$$W(l) = \begin{cases} -l\sqrt{\lambda} + 2\sum\limits_{t=l}^{-1}\zeta_t, & l = -1, -2, \cdots, \\ 0, & l = 0, \\ l\sqrt{\lambda} + 2\sum\limits_{t=1}^{l}\zeta_t, & l = 1, 2, \cdots, \end{cases}$$

随机变量 ζ_t 满足下列条件

$$(\zeta_{-n}, \cdots, \zeta_{-1}, \zeta_1, \cdots, \zeta_n)^{\mathrm{T}} \sim N(\mathbf{0}_{2n}, \boldsymbol{\Sigma}_{2n}), \quad \text{对任意给定整数 } n,$$

$\mathbf{0}_{2n}$ 表示 $2n$ 维的零向量,

$$\boldsymbol{\Sigma}_{2n} = \begin{pmatrix} \boldsymbol{\Sigma}_n(1) & \boldsymbol{\Sigma}_n(2) \\ \boldsymbol{\Sigma}_n^{\mathrm{T}}(2) & \boldsymbol{\Sigma}_n(1) \end{pmatrix}, \tag{4.5}$$

其中,

$$\boldsymbol{\Sigma}_n(1) = \begin{pmatrix} \gamma(0) & \gamma(1) & \cdots & \gamma(n-1) \\ \gamma(-1) & \gamma(0) & \cdots & \gamma(n-2) \\ \vdots & \vdots & & \vdots \\ \gamma(-n+1) & \gamma(-n+2) & \cdots & \gamma(0) \end{pmatrix}, \tag{4.6}$$

$$\boldsymbol{\Sigma}_n(2) = \begin{pmatrix} \gamma(n+1) & \gamma(n+2) & \cdots & \gamma(2n) \\ \gamma(n) & \gamma(n+1) & \cdots & \gamma(2n-1) \\ \vdots & \vdots & & \vdots \\ \gamma(2) & \gamma(3) & \cdots & \gamma(n+1) \end{pmatrix}. \tag{4.7}$$

推论 4.1　若 $d_i \equiv d$, 则在定理 4.2 的条件下, 当 $N, T \to \infty$ 时,

$$\hat{k} - k^0 \xrightarrow{d} \underset{l \in \{\cdots, -2, -1, 0, 1, 2, \cdots\}}{\arg\min} W(l),$$

其中,

$$W(l) = \begin{cases} -l\sqrt{\lambda} + 2\sigma_u \sum_{t=l}^{-1} (1-B)^{-d} Z_t, & l = -1, -2, \cdots, \\ 0, & l = 0, \\ l\sqrt{\lambda} + 2\sigma_u \sum_{t=1}^{l} (1-B)^{-d} Z_t, & l = 1, 2, \cdots, \end{cases}$$

Z_t 为独立同分布的标准正态随机变量.

注 4.4　显然, 当模型误差退化为记忆参数唯一的情形, 即 $d_i \equiv d$ 时, 令 $\rho(k)$ 表示 x_{it} 与 $x_{i,t+k}$ 的自相关系数, 则 $\gamma_i(k) = \sigma_i^2 \rho(k)$, 且 $\gamma(k) = \sigma_u^2 \rho(k)$. 那么, 长记忆随机变量 ζ_t 的记忆参数则为 d, 方差为 σ_u^2, 则定理 4.2 退化为推论 4.1. 进一步, 当模型为同方差, 即 $\sigma_i \equiv \sigma_u$ 时, 推论 4.1 依然成立.

接着, 我们讨论在弱变点信号下, $\hat{k}$ 的极限分布.

- 假设 C5: $\lim\limits_{N \to \infty} \lambda_N = 0$. 记 $A_N = \left\{ j : d_j = \max\limits_{1 \leqslant i \leqslant N} d_i \right\}$, 假设当 $N \to \infty$ 时,

$$\frac{\sum_{i \in A_N} (\mu_{i2} - \mu_{i1})^2 \sigma_i^2}{\lambda_N} \to \sigma_{\bar{d}}^2, \tag{4.8}$$

其中, $0 < \sigma_{\bar{d}}^2 < \infty$.

注 4.5　$\lim\limits_{N \to \infty} \lambda_N = 0$ 意味着大部分序列的变点差以很快的速度趋于零. 条件 (4.8), 粗略地说, 要求具有最大记忆参数的序列个数与所有序列总数呈正比例关系, 该条件会揭示哪些序列会主导整个面板数据中变点的极限性质.

定理 4.3　对于模型 (4.2), 若假设 C1, C2, C3(iii) 和 C5 成立, 则当 $N, T \to \infty$ 时,

$$\lambda_N^{1/\left(1 - 2 \max\limits_{1 \leqslant i \leqslant N} d_i\right)} (\hat{k} - k^0) \xrightarrow{d} \underset{-\infty < s < \infty}{\arg\min} \Upsilon(s),$$

其中,

$$\Upsilon(s) = \begin{cases} -s + 2\sigma_{\bar{d}} \kappa(\bar{d}) B_{\bar{d}}(s), & s < 0, \\ 0, & s = 0, \\ s + 2\sigma_{\bar{d}} \kappa(\bar{d}) B_{\bar{d}}(s), & s > 0, \end{cases}$$

$\kappa(\overline{d})$ 的定义见式 (1.2) (将 d 替换为 $\overline{d}$), $B_{\overline{d}}(\cdot)$ 是 Hurst 指数为 $H = 0.5 + \overline{d}$ 的双边分数布朗运动.

推论 4.2 若 $d_i \equiv d$, 则在定理 4.3 的条件下, 当 $N, T \to \infty$ 时,

$$\lambda_N^{1/(1-2d)}(\hat{k} - k^0) \xrightarrow{d} \underset{-\infty < s < \infty}{\arg\min} \Upsilon(s),$$

其中,

$$\Upsilon(s) = \begin{cases} -s + 2\sigma_u \kappa(d) B_d(s), & s < 0, \\ 0, & s = 0, \\ s + 2\sigma_u \kappa(d) B_d(s), & s > 0. \end{cases}$$

定理 4.2 和定理 4.3 中的极限定理在统计推断中有重要的应用, 如构建 k^0 的置信区间. 具体而言, 用 $\hat{\lambda}_N = \sum_{i=1}^{N} (\hat{\mu}_{i2} - \hat{\mu}_{i1})^2$ 估计 λ_N, 其中,

$$\hat{\mu}_{i1} = \frac{1}{\hat{k}} \sum_{t=1}^{\hat{k}} y_{it}, \quad \hat{\mu}_{i2} = \frac{1}{T - \hat{k}} \sum_{t=\hat{k}+1}^{T} y_{it}.$$

记 d_i 的估计量为 $\hat{d}_i$, 可通过残差进行估计 (参见 Robinson, 1995a,b 或 Giraitis 等, 2000):

$$\hat{x}_{it} = y_{it} - \hat{\mu}_{i1} I\{t \leqslant \hat{k}\} - \hat{\mu}_{i2} I\{t > \hat{k}\}, \ t = 1, \cdots, T.$$

同理, $\gamma_i(k)$ 的估计量 $\hat{\gamma}_i(k)$ 也可以通过残差获得:

$$\hat{\gamma}_i(k) = \frac{1}{T - k} \sum_{t=1}^{T-k} \hat{x}_{it} \hat{x}_{i,t+k}, \ k \geqslant 0.$$

注意, $\hat{\sigma}_i^2 = \hat{\gamma}_i(0)$ 是 σ_i^2 的估计.

在定理 4.2 中, 构建 k^0 的置信区间需估计 λ 和 $\gamma(k)(k \geqslant 0)$. 而 λ 的估计量由 $\hat{\lambda}_N$ 给出, $\gamma(k)(k \geqslant 0)$ 可以由 $\hat{\gamma}_N(k)/\hat{\lambda}_N$ 估计, 其中 $\hat{\gamma}_N(k) = \sum_{i=1}^{N} (\hat{\mu}_{i2} - \hat{\mu}_{i1})^2 \hat{\gamma}_i(k)$. 因此, 在 $W(l)$ 中将 λ 和 $\gamma(k)$ 分别替换为其相应的估计量, 记为 $\hat{W}(l)$, 然后模拟 $\hat{W}(l)$ 的分布, 从而在给定置信水平下, 可以估计出 $W(l)$ 的临界值. 即, 在中等变点信号下, 能够构建 k^0 的置信区间.

在定理 4.3 中, 极限分布依赖于两个未知参数 $\overline{d}$ 和 $\sigma_{\overline{d}}$. 而 $\overline{d}$ 可以由 $\max_{1 \leqslant i \leqslant N} \hat{d}_i$ 估计, $\sigma_{\overline{d}}$ 的估计量由下式给出

$$\sqrt{\frac{\sum\limits_{i \in \hat{A}_N} (\hat{\mu}_{i2} - \hat{\mu}_{i1})^2 \hat{\sigma}_i^2}{\hat{\lambda}_N}},$$

其中, $\hat{A}_N = \left\{ j : \hat{d}_j = \max\limits_{1 \leqslant i \leqslant N} \hat{d}_i \right\}$. 则, 在给定置信水平下, $\mathop{\arg\min}\limits_{-\infty < s < \infty} \Upsilon(s)$ 的临界值可以通过模拟 $\mathop{\arg\min}\limits_{-\infty < s < \infty} \Upsilon(s)$ 的分布获得, 其中 $\bar{d}$ 和 $\sigma_{\bar{d}}$ 分别替换为其对应的估计量. 因此, 在弱变点信号下, 构建 k^0 的置信区间也是可行的.

有趣的是, 在弱变点信号下, $\hat{k}$ 的极限分布与单个时间序列变点的最小二乘估计量的极限分布相似, 例如, 可参见 Lavielle 和 Moulines (2000) 的定理 8 或第 1 章的定理 2.3 和定理 2.4. 可能是因为面板数据的变点信号太弱, 以至于和单个时间序列变点的估计难度相当.

值得注意的是, 变点信号强度和长程相依性质之间存在一定的相互制约性. 具体而言, 当为强变点信号时, 长程相依性对估计量的渐近性质没有影响; 当变点信号为中等强度时, 长程相依性会影响估计量的渐近分布; 当变点信号为弱强度时, 长程相依性对估计量的收敛速度和渐近分布都有影响.

最后我们说明定理 4.2 和定理 4.3 之间的联系. 定理 4.2 中的目标函数由两部分组成: 两个漂移项 $-l\sqrt{\lambda}$ 和 $l\sqrt{\lambda}$, 以及两个长记忆随机变量的部分和 $2\sum\limits_{t=l}^{-1} \zeta_t$ 和 $2\sum\limits_{t=1}^{l} \zeta_t$. 注意到当 $\lambda_N \to 0$, 即 $\lambda = 0$ 时, 上述漂移项则变为零. 为了平衡漂移项和部分和, 两者应该是同阶的, 即需要 $|l|\sqrt{\lambda_N} \asymp |l|^{0.5+d}$, 其中 $|l|^{0.5+d}$ 是部分和的阶, 意味着 $|l| \asymp \lambda_N^{-1/(1-2d)}$, 而这一点正如定理 4.3 所示. 令 $l = \lfloor s\lambda_N^{-1/(1-2d)} \rfloor$, $-\infty < s < \infty$, 利用泛函中心极限定理对定理 4.2 中的目标函数进行标准化即可得定理 4.3. 因此, 定理 4.3 是定理 4.2 在 $\lambda_N \to 0$ 时的标准化版本, 详细的证明见第 4.4 节.

4.1.2 双公共变点模型

接下来我们将研究多变点模型. 在多变点研究的文献中常见的估计方法分为同时估计和序贯估计两大类, 如前文所述序贯法的计算效率更高, 因此我们在这里采取序贯估计法来估计面板数据的多个公共变点. 同样地, 我们从双变点模型着手, 接着将其推广至一般的多变点模型.

考虑如下双公共变点面板数据模型:

$$\begin{cases} y_{it} = \mu_{i1} + x_{it}, & t = 1, \cdots, k_1^0, \\ y_{it} = \mu_{i2} + x_{it}, & t = k_1^0 + 1, \cdots, k_2^0, \quad i = 1, 2, \cdots, N, \\ y_{it} = \mu_{i3} + x_{it}, & t = k_2^0 + 1, \cdots, T, \end{cases} \tag{4.9}$$

k_1^0 和 k_2^0 为两个未知的公共变点, $\tau_j^0 = k_j^0/T, j = 1, 2$ 是其对应的变分点.

首先, 最小化目标函数 $S_{NT}(k)$(定义见式 (4.4)) 以获得一个估计量, 该估计量将样本区间分割成两个子样本区间, 在子样本区间内重复上一步以获得第二个估计量.

记

$$\lambda_N^{(jl)} = \sum_{i=1}^N (\mu_{i,j+1} - \mu_{ij})(\mu_{i,l+1} - \mu_{il}), \ \ j,l = 1,2.$$

在介绍理论结果之前, 需要对模型 (4.9) 做一些假设.

- 假设 D1: $0 < \tau_1^0 < \tau_2^0 < 1$.

- 假设 D2: 对于 $j,l = 1,2$, 存在一列正的常数 $\{\lambda_N^*, N \geqslant 1\}$ 使得 $\lambda_N^{(jl)} = \rho_N^{(jl)} \lambda_N^*$, 且 $0 < \lim\limits_{N\to\infty} \rho_N^{(jl)} = \rho_{jl} < \infty$.

- 假设 D3: $p\lim \dfrac{1}{\lambda_N^* T}[S_{NT}(k_1^0) - S_{NT}(k_2^0)] < 0$.

- 假设 D4: (i) 无论 T 是否有界, 当 $N \to \infty$ 时, $\dfrac{N}{T^{0.5 - \max\limits_{1\leqslant i\leqslant N} d_i}} = o(\lambda_N^*)$. (ii) 当 $N,T \to \infty$ 时, $\dfrac{N}{T^{0.5 - \max\limits_{1\leqslant i\leqslant N} d_i}} = O(\lambda_N^*)$. (iii) 当 $N,T \to \infty$ 时, $\dfrac{N}{T^{0.5 - \max\limits_{1\leqslant i\leqslant N} d_i}} = O(\sqrt{\lambda_N^*})$ 且 $\dfrac{\sqrt{N\log T}}{T^{0.5 - \max\limits_{1\leqslant i\leqslant N} d_i}} = O(\sqrt{\lambda_N^*})$.

注 4.6 假设 D1 与假设 C2 类似, 是多变点文章中常见的假设. 值得注意的是, 部分序列仅存在一个公共变点或者没有变点也是允许的. 假设 D2 要求所有的 $\lambda_N^{(jl)}$ 是同阶的, 即模型 (4.9) 的两个公共变点具有相同的变点信号强度. 假设 D3 与 Bai (1997) 的假设 A4 和 B2 类似, 表明第一个变点比第二个变点更为显著, 意味着估计出的第一个变点为 k_1^0. 事实上, 假设 D3 等价于

$$\frac{1-\tau_2^0}{1-\tau_1^0}\rho_{22} < \frac{\tau_1^0}{\tau_2^0}\rho_{11}, \tag{4.10}$$

式 (4.10) 与 Bai (1997) 的式 (6) 类似, 具体推导过程可参见 Bai (1997). 若第二个变点更为显著, 则假设 D3 正好相反.

与单变点情形类似, 称 λ_N^* 为模型 (4.9) 的变点信号, 并将分别在强中弱三种变点信号强度下讨论估计量的渐近性质. 记号, 如 $S_{NT}(k)$, $\hat{k}$, $\hat{\tau}$ 等, 与单变点情形时的定义相同. $\hat{k}$ 和 $\hat{\tau}$ 分别表示首先估计出的变点估计量和变分点估计量. 为了避免混淆, 在假设 D3 成立时, 写作 $\hat{k}_1 = \hat{k}$ 和 $\hat{\tau}_1 = \hat{\tau}$. 一旦得到了 k_1^0, 在子样本 $\hat{k}_1 + 1$ 到 T 内实施相同的估计步骤即可获得 k_2^0 的估计量 $\hat{k}_2^0$, 记对应的变分点估计量为 $\hat{\tau}_2 = \hat{k}_2/T$.

定理 4.4　对于模型 (4.9), 若假设 C1 和 D1~D3 成立, 那么下列结论成立:

(1) 如果条件 $\lim\limits_{N\to\infty} \lambda_N^* = \infty$ 和假设 D4(i) 也成立, 则

$$\lim_{N\to\infty} P(\hat{k}_1 = k_1^0) = 1, \quad \lim_{N\to\infty} P(\hat{k}_2 = k_2^0) = 1.$$

(2) 如果条件 $\lim\limits_{N\to\infty} \lambda_N^* = \lambda^* (0 < \lambda^* < \infty)$ 和假设 D4(ii) 也成立, 则对于 $N, T \to \infty$, 有

$$\hat{k}_1 - k_1^0 = O_p(1), \quad \hat{k}_2 - k_2^0 = O_p(1).$$

(3) 如果条件 $\lim\limits_{N\to\infty} \lambda_N^* = 0$ 和假设 D4(iii) 也成立, 则对于 $N, T \to \infty$, 有

$$|\hat{k}_1 - k_1^0| = O_p\left(\lambda_N^{* \, -1/\left(1 - 2\max\limits_{1\leqslant i\leqslant N} d_i\right)}\right), \quad |\hat{k}_2 - k_2^0| = O_p\left(\lambda_N^{* \, -1/\left(1 - 2\max\limits_{1\leqslant i\leqslant N} d_i\right)}\right).$$

接下来, 我们分别给出在中等变点信号和弱变点信号下 $\hat{k}_1$ 和 $\hat{k}_2$ 的极限分布.

- 假设 D5: 对所有 $i \geqslant 1$ 和 $j = 1, 2$, $\mu_{i,j+1} - \mu_{ij} = \Delta_{ij}/N^{\gamma_i}$, 且 $\lim\limits_{N\to\infty} \lambda_N^* = \lambda^* (0 < \lambda^* < \infty)$, 其中, $\inf\limits_{i \geqslant 1} \gamma_i \geqslant 1/2$, $\sup\limits_{i\geqslant 1, j\geqslant 1} |\Delta_{ij}| \leqslant c_0$, c_0 为正常数. 此外, 记

$$\lambda_N^{(jl)'} = \sum_{i=1}^N (\mu_{i,j+1} - \mu_{ij})(\mu_{i,l+1} - \mu_{il})\sigma_i^2, \ \ j, l = 1, 2,$$

$$\gamma_N^{(jl)}(k) = \sum_{i=1}^N (\mu_{i,j+1} - \mu_{i,j})(\mu_{i,l+1} - \mu_{il})\gamma_i(k), \ \ j = 1, 2,$$

并假定对任意给定整数 k, 有

$$0 < \lim_{N\to\infty} \frac{\lambda_N^{(jl)'}}{\lambda_N^*} = \rho_{jl}\sigma_u^2 < \infty, \ \ \lim_{N\to\infty} \frac{\gamma_N^{(jl)}(k)}{\lambda_N^*} = \rho_{jl}\gamma(k), \ \text{其中}, \ |\gamma(k)| < \infty, \ j, l = 1, 2.$$

且进一步假设存在某个 $\alpha > 0$ 有 $\sup\limits_{i\geqslant 1} E(|x_{i1}|^{2+\alpha}) < \infty$.

定理 4.5　对于模型 (4.9), 若假设 C1, D1~D3, D4(ii) 和 D5 成立, 则

$$\hat{k}_1 - k_1^0 \xrightarrow{d} \arg\min_{l \in \{\cdots, -2, -1, 0, 1, 2, \cdots\}} W_1(l), \quad \hat{k}_2 - k_2^0 \xrightarrow{d} \arg\min_{l \in \{\cdots, -2, -1, 0, 1, 2, \cdots\}} W_2(l),$$

其中,

$$W_1(l) = \begin{cases} -l\sqrt{\lambda^*}\theta_1 + 2\sqrt{\theta_1} \sum\limits_{t=l}^{-1} \zeta_t, & l = -1, -2, \cdots, \\ 0, & l = 0, \\ l\sqrt{\lambda^*}\theta_2 + 2\sqrt{\theta_1} \sum\limits_{t=1}^{l} \zeta_t, & l = 1, 2, \cdots, \end{cases}$$

$$W_2(l) = \begin{cases} -l\sqrt{\rho_{22}\lambda^*} + 2\sum_{t=l}^{-1}\zeta_t, & l = -1, -2, \cdots, \\ 0, & l = 0, \\ l\sqrt{\rho_{22}\lambda^*} + 2\sum_{t=1}^{l}\zeta_t, & l = 1, 2, \cdots, \end{cases}$$

$$\theta_1 = \rho_{11} + \frac{2(1-\tau_2^0)}{1-\tau_1^0}\rho_{12} + \left(\frac{1-\tau_2^0}{1-\tau_1^0}\right)^2\rho_{22}, \tag{4.11}$$

$$\theta_2 = \rho_{11} - \left(\frac{1-\tau_2^0}{1-\tau_1^0}\right)^2\rho_{22}, \tag{4.12}$$

随机变量 ζ_t 满足对任意给定整数 n,

$$(\zeta_{-n}, \cdots, \zeta_{-1}, \zeta_1, \cdots, \zeta_n)^{\mathrm{T}} \sim N(\mathbf{0}_{2n}, \boldsymbol{\Sigma}_{2n}),$$

其中, $\mathbf{0}_{2n}$ 表示 $2n$ 维零向量, $\boldsymbol{\Sigma}_{2n}$ 的定义见式 (4.5).

- 假设 D6: $\lim_{N\to\infty}\lambda_N^* = 0$. 记 $A_N = \{j: d_j = \max_{1\leqslant i\leqslant N} d_i\}$, 并假定当 $N \to \infty$ 时, 有

$$\frac{\sum_{i\in A_N}(\mu_{i,j+1} - \mu_{ij})(\mu_{i,l+1} - \mu_{il})\sigma_i^2}{\lambda_N^*} \to \rho_{jl}\sigma_{\bar{d}}^2, \quad j, l = 1, 2,$$

其中, $0 < \sigma_{\bar{d}}^2 < \infty$.

定理 4.6 对于模型 (4.9), 若假设 C1, D1~D3, D4(iii) 和 D6 成立, 则

$$\begin{cases} \lambda_N^{*\,1/\left(1-2\max_{1\leqslant i\leqslant N} d_i\right)}(\hat{k}_1 - k_1^0) \xrightarrow{d} \underset{-\infty<s<\infty}{\arg\min} \Upsilon_1(s), \\ \lambda_N^{*\,1/\left(1-2\max_{1\leqslant i\leqslant N} d_i\right)}(\hat{k}_2 - k_2^0) \xrightarrow{d} \underset{-\infty<s<\infty}{\arg\min} \Upsilon_2(s), \end{cases}$$

其中,

$$\Upsilon_1(s) = \begin{cases} -s\theta_1 + 2\sqrt{\theta_1}\sigma_{\bar{d}}\kappa(\bar{d})B_{\bar{d}}^{(1)}(s), & s < 0, \\ 0, & s = 0, \\ s\theta_2 + 2\sqrt{\theta_1}\sigma_{\bar{d}}\kappa(\bar{d})B_{\bar{d}}^{(1)}(s), & s > 0, \end{cases}$$

$$\Upsilon_2(s) = \begin{cases} -s\sqrt{\rho_{22}} + 2\sigma_{\bar{d}}\kappa(\bar{d})B_{\bar{d}}^{(2)}(s), & s < 0, \\ 0, & s = 0, \\ s\sqrt{\rho_{22}} + 2\sigma_{\bar{d}}\kappa(\bar{d})B_{\bar{d}}^{(2)}(s), & s > 0, \end{cases}$$

$B_{\bar{d}}^{(1)}(\cdot)$ 和 $B_{\bar{d}}^{(2)}(\cdot)$ 是两个 Hurst 指数为 $H = 0.5 + \bar{d}$ 的双边分数布朗运动.

注 4.7 (1) 定理 4.5 和定理 4.6 分别给出了在中等变点信号和弱信号下, 异方差及不同记忆参数的长记忆面板数据的均值变点估计量的极限分布, 显然, 当 $d_i \equiv d$ 和 $\sigma_i \equiv \sigma_u$ 时, 在定理 4.5 的条件下,

$$\hat{k}_1 - k_1^0 \xrightarrow{d} \underset{l \in \{\cdots, -2, -1, 0, 1, 2, \cdots\}}{\arg\min} W_1(l), \quad \hat{k}_2 - k_2^0 \xrightarrow{d} \underset{l \in \{\cdots, -2, -1, 0, 1, 2, \cdots\}}{\arg\min} W_2(l),$$

其中,

$$W_1(l) = \begin{cases} -l\sqrt{\lambda^*}\theta_1 + 2\sigma_u\sqrt{\theta_1}\sum_{t=l}^{-1}(1-B)^{-d}Z_t, & l = -1, -2, \cdots, \\ 0, & l = 0, \\ l\sqrt{\lambda^*}\theta_2 + 2\sigma_u\sqrt{\theta_1}\sum_{t=1}^{l}(1-B)^{-d}Z_t, & l = 1, 2, \cdots, \end{cases}$$

$$W_2(l) = \begin{cases} -l\sqrt{\rho_{22}\lambda^*} + 2\sigma_u\sum_{t=l}^{-1}(1-B)^{-d}Z_t, & l = -1, -2, \cdots, \\ 0, & l = 0, \\ l\sqrt{\rho_{22}\lambda^*} + 2\sigma_u\sum_{t=1}^{l}(1-B)^{-d}Z_t, & l = 1, 2, \cdots, \end{cases}$$

$Z_t, t = \cdots, -2, -1, 0, 1, 2, \cdots$ 是独立同分布标准正态随机变量, θ_1 的定义见式 (4.11), θ_2 的定义见式 (4.12); 在定理 4.6 的条件下,

$$\lambda_N^{*1/(1-2d)}(\hat{k}_1 - k_1^0) \xrightarrow{d} \underset{-\infty < s < \infty}{\arg\min} \Upsilon_1(s), \quad \lambda_N^{*1/(1-2d)}(\hat{k}_2 - k_2^0) \xrightarrow{d} \underset{-\infty < s < \infty}{\arg\min} \Upsilon_2(s),$$

其中,

$$\Upsilon_1(s) = \begin{cases} -s\theta_1 + 2\kappa(d)\sqrt{\theta_1}B_d^{(1)}(s), & s < 0, \\ 0, & s = 0, \\ s\theta_2 + 2\kappa(d)\sqrt{\theta_1}B_d^{(1)}(s), & s > 0, \end{cases}$$

$$\Upsilon_2(s) = \begin{cases} -s\sqrt{\rho_{22}} + 2\kappa(d)B_d^{(2)}(s), & s < 0, \\ 0, & s = 0, \\ s\sqrt{\rho_{22}} + 2\kappa(d)B_d^{(2)}(s), & s > 0, \end{cases}$$

$B_d^{(1)}(\cdot)$ 和 $B_d^{(2)}(\cdot)$ 是两个双边分数布朗运动.

(2) 显然,

$$
\begin{aligned}
\theta_1 &= \rho_{11} + \frac{2(1-\tau_2^0)}{1-\tau_1^0}\rho_{12} + \left(\frac{1-\tau_2^0}{1-\tau_1^0}\right)^2 \rho_{22} \\
&= \lim_{N\to\infty} \frac{1}{\lambda_N^*}\left[\lambda_N^{(11)} + \frac{2(1-\tau_2^0)}{1-\tau_1^0}\lambda_N^{(12)} + \left(\frac{1-\tau_2^0}{1-\tau_1^0}\right)^2 \lambda_N^{(22)}\right] \\
&= \lim_{N\to\infty} \frac{1}{\lambda_N^*}\sum_{i=1}^{N}\left[(\mu_{i2}-\mu_{i1}) + \frac{1-\tau_2^0}{1-\tau_1^0}(\mu_{i3}-\mu_{i2})\right]^2 \geqslant 0.
\end{aligned}
$$

与单个时间序列的多变点估计类似, 在实际中假设 D3 很难确认, 即难以确定首次估计的变点是 k_1^0 还是 k_2^0. 然而, 在双变点模型中, 我们可以采取两步法来克服这个难题. 第一步, 采用步骤 (4.3) 来获取其中一个变点估计量 $\hat{k}$. $\hat{k}$ 将样本区间分成两个子样本区间 $[1,\hat{k}]$ 和 $[\hat{k}+1, T]$. 第二步, 在 $[1,\hat{k}]$ 和 $[\hat{k}+1, T]$ 内分别重复相同的估计步骤得到两个估计量, 使得总的残差平方和最小的那个即为第二个估计量.

正如单变点情形所示, 定理 4.5 和定理 4.6 具有一定潜在的联系. 例如, 定理 4.5 中的目标函数 $W_1(l)$ 由两部分组成: 漂移项 $|l|\sqrt{\lambda^*}\theta_1$ 和 $|l|\sqrt{\lambda^*}\theta_2$, 长记忆随机变量的部分和 $2\sqrt{\theta_1}\sum_{t=l}^{-1}\zeta_t$ 与 $2\sqrt{\theta_1}\sum_{t=1}^{l}\zeta_t$. 当 $\lambda_N^* \to 0$ 时, 漂移项为零. 为平衡漂移项和部分和, 两者应是同阶的, 即 $|l|\sqrt{\lambda_N^*} \asymp |l|^{0.5+d}$, 意味着 $|l| \asymp \lambda_N^{*-1/(1-2d)}$, 即正如定理 4.6 所示. 令 $l = \lfloor s\lambda_N^{*-1/(1-2d)}\rfloor$, $-\infty < s < \infty$, 通过长记忆随机变量的泛函中心极限定理标准化定理 4.5 中的目标函数即可得定理 4.6. 故, 当 $\lambda_N^* \to 0$ 时, 定理 4.6 是定理 4.5 的标准化版本.

4.1.3 多公共变点模型

接下来, 我们将双变点模型拓展到一般的多变点模型:

$$
\begin{cases}
y_{it} = \mu_{i1} + x_{it}, & t = 1, \cdots, k_1^0, \\
y_{it} = \mu_{i2} + x_{it}, & t = k_1^0+1, \cdots, k_2^0, \\
\cdots\cdots \\
y_{it} = \mu_{i,m+1} + x_{it}, & t = k_m^0+1, \cdots, T,
\end{cases}
\quad i = 1, 2, \cdots, N, \tag{4.13}
$$

令 $\tau_j^0 = k_j^0/T, j = 1, 2, \cdots, m,$

记

$$\lambda_N^{(jl)} = \sum_{i=1}^{N} (\mu_{i,j+1} - \mu_{ij})(\mu_{i,l+1} - \mu_{il}), \ j,l = 1,\cdots,m.$$

与双变点情形类似, 我们需要对模型 (4.13) 做出一些假设.

- 假设 D1′: $0 < \tau_1^0 < \tau_2^0 < \cdots < \tau_m^0 < 1$.

- 假设 D2′: 存在一列正的常数 $\{\lambda_N^*, N \geqslant 1\}$, 使得对所有 $j,l = 1,2,\cdots,m$, 有 $\lambda_N^{(jl)} = \rho_N^{(jl)} \lambda_N^*, 0 < \lim_{N\to\infty} \rho_N^{(jl)} = \rho_{jl} < \infty$.

- 假设 D3′: 存在整数 j', 使得对所有 $j \neq j'$, 有 $p\lim \dfrac{1}{\lambda_N^* T}[S_{NT}(k_{j'}^0) - S_{NT}(k_j^0)] < 0$.

- 假设 D4′: (i) 无论样本量 T 有界与否, 当 $N \to \infty$ 时, $\dfrac{N}{T^{0.5 - \max\limits_{1\leqslant i\leqslant N} d_i}} = o(\lambda_N^*)$. (ii) 当 $N,T \to \infty$ 时, $\dfrac{N}{T^{0.5 - \max\limits_{1\leqslant i\leqslant N} d_i}} = O(\lambda_N^*)$. (iii) 当 $N,T \to \infty$ 时, $\dfrac{N}{T^{0.5 - \max\limits_{1\leqslant i\leqslant N} d_i}} = O(\sqrt{\lambda_N^*})$, $\dfrac{\sqrt{N \log T}}{T^{0.5 - \max\limits_{1\leqslant i\leqslant N} d_i}} = O(\sqrt{\lambda_N^*})$.

在假设 D3′ 下, $k_{j'}$ 是首次被估计的变点, 故记 $\hat{k}_{j'} = \hat{k}$, 对应的变分点估计量记为 $\hat{\tau}_{j'} = \hat{\tau}$.

定理 4.7　对于模型 (4.13), 若假设 C1 和 D1′∼D3′ 成立, 则有以下结论:

(1) 如果条件 $\lim\limits_{N\to\infty} \lambda_N^* = \infty$ 和假设 D4′(i) 也成立, 则

$$\lim_{N\to\infty} P(\hat{k}_{j'} = k_{j'}^0) = 1.$$

(2) 如果条件 $\lim\limits_{N\to\infty} \lambda_N^* = \lambda (0 < \lambda < \infty)$ 和假设 D4′(ii) 也成立, 则当 $N,T \to \infty$ 时, 有

$$\hat{k}_{j'} - k_{j'}^0 = O_p(1).$$

(3) 如果条件 $\lim\limits_{N\to\infty} \lambda_N^* = 0$ 和假设 D4′(iii) 也成立, 则当 $N,T \to \infty$ 时, 有

$$|\hat{k}_{j'} - k_{j'}^0| = O_p\left(\lambda_N^{* -1/\left(1 - 2\max\limits_{1\leqslant i\leqslant N} d_i\right)}\right).$$

- 假设 D5′: 对所有 $i \geqslant 1$ 和 $j = 1,\cdots,m, \mu_{i,j+1} - \mu_{ij} = \Delta_{ij}/N^{\gamma_i}$, 且 $\lim\limits_{N\to\infty} \lambda_N^* = \lambda^* (0 < \lambda^* < \infty)$, 其中, $\inf\limits_{i\geqslant 1} \gamma_i \geqslant 1/2$, $\sup\limits_{i\geqslant 1,j\geqslant 1} |\Delta_{ij}| \leqslant c_0, c_0$ 为正常数. 记

$$\lambda_N^{(jl)'} = \sum_{i=1}^{N} (\mu_{i,j+1} - \mu_{ij})(\mu_{i,l+1} - \mu_{il})\sigma_i^2, \ j,l = 1,\cdots,m,$$

$$\gamma_N^{(jl)}(k) = \sum_{i=1}^{N} (\mu_{i,j+1} - \mu_{i,j})(\mu_{i,l+1} - \mu_{il})\gamma_i(k), \quad j = 1, \cdots, m,$$

并假设对所有给定整数 k, 有

$$0 < \lim_{N \to \infty} \frac{\lambda_N^{(jl)'}}{\lambda_N^*} = \rho_{jl}\sigma_u^2 < \infty, \quad \lim_{N \to \infty} \frac{\gamma_N^{(jl)}(k)}{\lambda_N} = \rho_{jl}\gamma(k),$$

其中, $|\gamma(k)| < \infty, \ j, l = 1, \cdots, m.$

此外, 假定存在某个 $\alpha > 0$, 有 $\sup\limits_{i \geqslant 1} E(|x_{i1}|^{2+\alpha}) < \infty.$

定理 4.8 对于模型 (4.13), 若假设 C1, D1$'$~D3$'$, D4$'$(ii) 和 D5$'$ 成立, 则当 $N, T \to \infty$ 时, 有

$$\hat{k}_{j'} - k_{j'}^0 \xrightarrow{d} \mathop{\arg\min}\limits_{l \in \{\cdots, -2, -1, 0, 1, 2, \cdots\}} W_{j'}(l),$$

其中,

$$W_{j'}(l) = \begin{cases} -l\sqrt{\lambda^*}\theta_{j'}^{(1)} + 2\pi_{j'}\sum\limits_{t=1}^{-l}\zeta_t, & l = -1, -2, \cdots, \\ 0, & l = 0, \\ l\sqrt{\lambda^*}\theta_{j'}^{(2)} + 2\pi_{j'}\sum\limits_{t=1}^{l}\zeta_t, & l = 1, 2, \cdots, \end{cases}$$

$$\theta_{j'}^{(1)} = \frac{1}{(1-\tau_{j'}^0)^2}\sum_{p,q=j'}^{m}(1-\tau_p^0)(1-\tau_q^0)\rho_{pq} - \frac{1}{(\tau_{j'}^0)^2}\sum_{p,q=1}^{j'-1}\tau_p^0\tau_q^0\rho_{pq},$$

$$\theta_{j'}^{(2)} = \frac{1}{(\tau_{j'}^0)^2}\sum_{p,q=1}^{j'}\tau_p^0\tau_q^0\rho_{pq} - \frac{1}{(1-\tau_{j'}^0)^2}\sum_{p,q=j'+1}^{m}(1-\tau_p^0)(1-\tau_q^0)\rho_{pq},$$

$$\pi_{j'} = \left[\frac{1}{(\tau_{j'}^0)^2}\sum_{p,q=1}^{j'-1}\tau_p^0\tau_q^0\rho_{pq} + \frac{1}{(1-\tau_{j'}^0)^2}\sum_{p,q=j'}^{m}(1-\tau_p^0)(1-\tau_q^0)\rho_{pq} \right.$$

$$\left. + \frac{2}{\tau_{j'}^0(1-\tau_{j'}^0)}\sum_{p=j'}^{m}\sum_{q=1}^{j'-1}(1-\tau_p^0)\tau_q^0\rho_{pq} \right]^{1/2},$$

随机变量 ζ_t 满足对任意给定整数 n, 有

$$(\zeta_{-n}, \cdots, \zeta_{-1}, \zeta_1, \cdots, \zeta_n)^{\mathrm{T}} \sim N(\mathbf{0}_{2n}, \mathbf{\Sigma}_{2n}),$$

其中, $\mathbf{0}_{2n}$ 是 $2n$ 维零向量, $\mathbf{\Sigma}_{2n}$ 的定义见式 (4.5).

- 假设 D6′: $\lim\limits_{N\to\infty}\lambda_N^*=0$. 记 $A_N=\left\{j:d_j=\max\limits_{1\leqslant i\leqslant N}d_i\right\}$, 假定当 $N\to\infty$ 时,

$$\frac{\sum\limits_{i\in A_N}(\mu_{i,j+1}-\mu_{ij})(\mu_{i,l+1}-\mu_{il})\sigma_i^2}{\lambda_N^*}\to\rho_{jl}\sigma_{\bar d}^2,\quad j,l=1,\cdots,m,$$

其中, $0<\sigma_{\bar d}^2<\infty$.

定理 4.9　对于模型 (4.13), 若假设 C1, D1′~D3′, D4′(iii) 和 D6′ 成立, 则当 $N,T\to\infty$ 时,

$$\lambda_N^{*\,1/\left(1-2\max\limits_{1\leqslant i\leqslant N}d_i\right)}(\hat k_{j'}-k_{j'}^0)\xrightarrow{d}\mathop{\arg\min}\limits_{-\infty<s<\infty}\Gamma_{j'}(s),$$

其中,

$$\Gamma_{j'}(s)=\begin{cases}-s\theta_{j'}^{(1)}+2\pi_{j'}\sigma_{\bar d}\kappa_{\bar d}B_{\bar d}^{(j')}(s),&s<0,\\[2mm]0,&s=0,\\[2mm]s\theta_{j'}^{(2)}+2\pi_{j'}\sigma_{\bar d}\kappa_{\bar d}B_{\bar d}^{(j')}(s),&s>0,\end{cases}$$

$B_{\bar d}^{(j')}(\cdot)$ 是 Hurst 指数为 $H=0.5+\bar d$ 的双边分数布朗运动.

注 4.8　当 $d_i\equiv d$ 且 $\sigma_i^2\equiv\sigma_u^2$ 时, 在定理 4.8 的条件下,

$$\hat k_{j'}-k_{j'}^0\xrightarrow{d}\mathop{\arg\min}\limits_{l\in\{\cdots,-2,-1,0,1,2,\cdots\}}W_{j'}(l),$$

其中,

$$W_{j'}(l)=\begin{cases}-l\sqrt{\lambda^*}\theta_{j'}^{(1)}+2\sigma_u\pi_{j'}\sum\limits_{t=1}^{-l}(1-B)^{-d}Z_t,&l=-1,-2,\cdots,\\[2mm]0,&l=0,\\[2mm]l\sqrt{\lambda^*}\theta_{j'}^{(2)}+2\sigma_u\pi_{j'}\sum\limits_{t=1}^{l}(1-B)^{-d}Z_t,&l=1,2,\cdots,\end{cases}$$

其中, $Z_t(t=\cdots,-2,-1,0,1,2,\cdots)$ 是独立同分布标准正态随机变量; 在定理 4.9 的条件下,

$$\lambda_N^{*\,1/(1-2d)}(\hat k_{j'}-k_{j'}^0)\xrightarrow{d}\mathop{\arg\min}\limits_{-\infty<s<\infty}\Gamma_{j'}(s),$$

其中,

$$
\Gamma_{j'}(s) = \begin{cases} -s\theta_{j'}^{(1)} + 2\kappa(d)\pi_{j'}B_d^{(j')}(s), & s < 0, \\ \\ 0, & s = 0, \\ \\ s\theta_{j'}^{(2)} + 2\kappa(d)\pi_{j'}B_d^{(j')}(s), & s > 0, \end{cases}
$$

$B_d^{(j')}(\cdot)$ 是一个双边分数布朗运动.

4.2 数据模拟

为了验证 4.1.1 节和 4.1.2 节中估计量的有限样本性质, 我们分别对单变点面板模型和双变点面板模型做了数据模拟实验. 误差过程 x_{it} 的生成方法可参考 McLeod 和 Hipel (1978) 和 Hosking (1984). 设置记忆参数 $d_j \equiv d = 0.25$, $\sigma_i^2 \equiv \sigma_u^2 = 1$, 实验重复次数为 1000 次.

4.2.1 单公共变点模型的实验

在这组实验中, 我们对模型 (4.1) 进行模拟, 变分点 τ^0 设置为 0.5. 在 $\{1, 2, \cdots, T-1\}$ 内寻找变点的最小二乘估计 $\hat{k}$.

首先, 我们观察在强变点信号下, $\hat{k}$ 的表现. $\mu_{i2} - \mu_{i1}$ 为 $(-2, 2)$ 区间上的均匀分布. 定理 4.1 的结论 (1) 说明, 无论样本量 T 是否有界, $\hat{k}$ 都是 k^0 的相合估计. 因此, 分别令 $T = 8$ 和 20, 前者代表小 T 情形, 后者表示大 T 情形. 对于每个 T, 设置多组序列数的取值, 具体为 $N \in \{10, 20, 50\}$. $\hat{k}$ 的估计分布如图 4.1 所示. 由图 4.1 可知, 即使当 N 很小时, 无论 $T = 8$ 还是 20, 估计量都聚集在真实变点处, 估计精度都很高. 且 N 的值越大, 估计精度越高; 当 $N = 50$ 时, 几乎能 100% 找到真实变点. 即, 模拟结果与定理 4.1 的结论 (1) 相符.

接下来, 我们验证定理 4.1 的结论 (2), 即在中等变点信号下观察 $\hat{k}$ 的表现. 根据结论 (2) 可知, $\hat{k}$ 不再是 k^0 的一致估计, 但估计误差依概率有界. 结论 (2) 要求序列数 N 和样本量 T 都趋于无穷, 设置 $(N, T) \in \{(10, 20), (20, 40), (50, 80)\}$. 变点距离 $\mu_{i2} - \mu_{i1} \sim U(-1, 1)$. 模拟结果如图 4.2 所示, 可以看出: (1) 整体而言, $\hat{k}$ 的估计误差明显但不大; 且随着 (N, T) 的增加, 估计精度逐步提高. (2) $\hat{k}$ 呈偏态分布. 实验结果与定理 4.1 的结论 (2) 吻合.

最后, 我们观察在弱变点信号下 $\hat{k}$ 的表现, 其中 $\mu_{i2} - \mu_{i1} \sim U(-0.5, 0.5)$. 定理 4.1 的结论 (3) 显示, $\hat{k}$ 不是 k^0 的相合估计, 且估计误差较大. 与图 4.2 的设置相同, (N, T) 的取值范围

为 $\{(10,20),(20,40),(50,80)\}$. 模拟结果如图 4.3所示: (1) 估计误差很大, 即使当 (N,T) 升至 $(50,80)$, 估计精度仍然很低; (2) $\hat{k}$ 呈明显偏态分布, 反映了分数布朗运动非对称分布的事实. 实验结果验证了定理 4.1 的结论 (3).

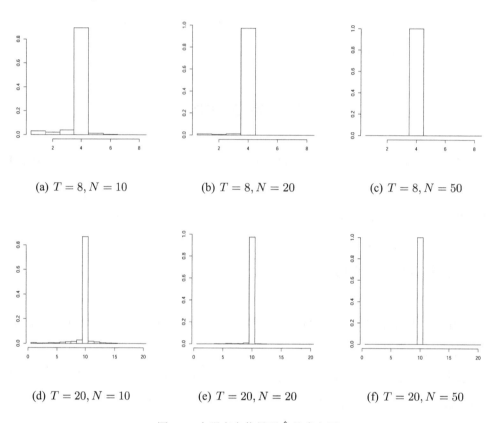

(a) $T=8, N=10$　　　(b) $T=8, N=20$　　　(c) $T=8, N=50$

(d) $T=20, N=10$　　　(e) $T=20, N=20$　　　(f) $T=20, N=50$

图 4.1　在强变点信号下 $\hat{k}$ 的直方图

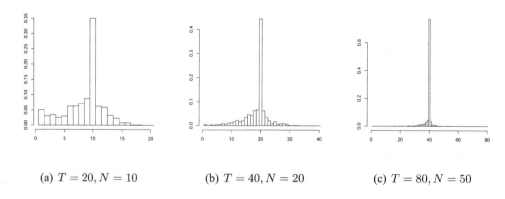

(a) $T=20, N=10$　　　(b) $T=40, N=20$　　　(c) $T=80, N=50$

图 4.2　在中等变点信号下 $\hat{k}$ 的直方图

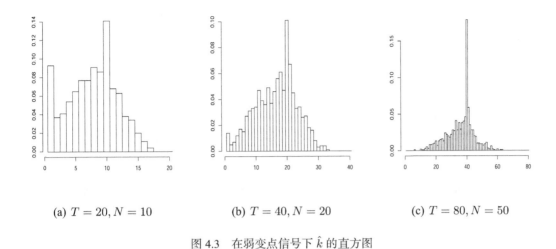

(a) $T = 20, N = 10$ (b) $T = 40, N = 20$ (c) $T = 80, N = 50$

图 4.3　在弱变点信号下 $\hat{k}$ 的直方图

4.2.2　双公共变点模型的实验

本组实验将模拟模型 (4.9) 中变点估计量的表现,两个真实变分点分别设置在 1/3 和 2/3 处. 采用序贯最小二乘法寻找变点估计量,并设置首次估计的变点为 k_1^0; 即, 在 $\{1, 2, \cdots, T-1\}$ 中定位 $\hat{k}_1$, 然后在 $\{\hat{k}_1 + 1, \cdots, T - 1\}$ 中定位 $\hat{k}_2$.

首先, 我们观察在强变点信号下 $\hat{k}_1$ 和 $\hat{k}_2$ 的表现, $\mu_{i2} - \mu_{i1}$ 和 $\mu_{i3} - \mu_{i2}$ 分别由区间 $(-2, 2)$ 和 $(-1.5, 1.5)$ 内的均匀分布生成. 定理 4.4 的结论 (1) 显示 $\hat{k}_1$ 和 $\hat{k}_2$ 分别是 k_1^0 和 k_2^0 的相合估计, 且此结论在 T 有界时仍然成立. 因此, 分别令 $T = 15$ 和 30, 前者代表小 T 情形, 后者代表大 T 情形. 对于每个 T, 分别令 $N \in \{10, 20, 50\}$, 结果如图 4.4所示. 由图 4.4可知: (1) 总体而言, 两个变点估计量都趋近于各自真实变点处, 且估计精度随着 (N, T) 的增大而提高. (2) $\hat{k}_1$ 的表现要优于 $\hat{k}_2$, 这是因为 $\hat{k}_2$ 的估计是基于 k_1^0 被估计的前提下, 而 $\hat{k}_1$ 的估计精度在有限样本情况下不一定能达到 100%, 因此 $\hat{k}_2$ 的估计误差要大于 $\hat{k}_1$ 的误差. 综上所述, 在强信号下, 估计量的有限样本性质与定理 4.4 的结论 (1) 相符.

接下来, 我们在中等变点信号下模拟 $\hat{k}_1$ 和 $\hat{k}_2$ 的分布, $\mu_{i2} - \mu_{i1}$ 和 $\mu_{i3} - \mu_{i2}$ 服从区间 $(-1, 1)$ 和 $(-0.8, 0.8)$ 上的均匀分布, 由定理 4.4 的结论 (2) 可知 $\hat{k}_1$ 和 $\hat{k}_2$ 均不是 k_1^0 和 k_2^0 的相合估计, 但估计误差有界. (N, T) 的取值范围为 $\{(10, 30), (30, 45), (50, 75)\}$, 模拟结果如图 4.5所示: (1) $\hat{k}_1$ 和 $\hat{k}_2$ 的估计误差明显, (N, T) 越大估计精度越高; (2) $\hat{k}_1$ 的估计精度比 $\hat{k}_2$ 高; (3) $\hat{k}_1$ 和 $\hat{k}_2$ 的分布都不对称, 且呈现出轻微的高估趋势. 模拟结果与定理 4.4 的结论 (2) 吻合.

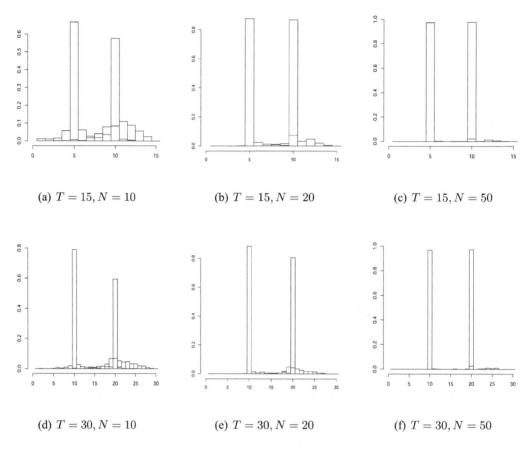

(a) $T = 15, N = 10$　　　　(b) $T = 15, N = 20$　　　　(c) $T = 15, N = 50$

(d) $T = 30, N = 10$　　　　(e) $T = 30, N = 20$　　　　(f) $T = 30, N = 50$

图 4.4　在强变点信号下 $\hat{k}_1$ 和 $\hat{k}_2$ 的直方图

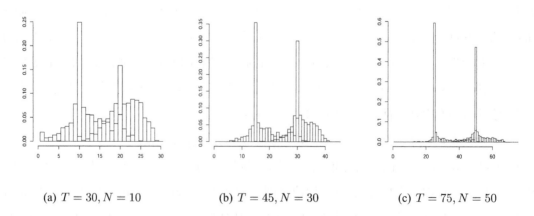

(a) $T = 30, N = 10$　　　　(b) $T = 45, N = 30$　　　　(c) $T = 75, N = 50$

图 4.5　在中等变点信号下 $\hat{k}_1$ 和 $\hat{k}_2$ 的直方图

最后, 我们模拟了弱变点信号下 $\hat{k}_1$ 和 $\hat{k}_2$ 的分布, $\mu_{i2}-\mu_{i1}$ 和 $\mu_{i3}-\mu_{i2}$ 服从区间 $(-0.5, 0.5)$ 和 $(-0.3, 0.3)$ 上的均匀分布, $(N, T) \in \{(10, 30), (30, 45), (50, 75)\}$, 模拟结果如图 4.6所示: (1) $\hat{k}_1$ 和 $\hat{k}_2$ 的有限样本表现较差; (2) 同样, $\hat{k}_1$ 和 $\hat{k}_2$ 呈现偏态分布和轻微的高估趋势. 模拟结果与定理 4.4的结论 (3) 一致.

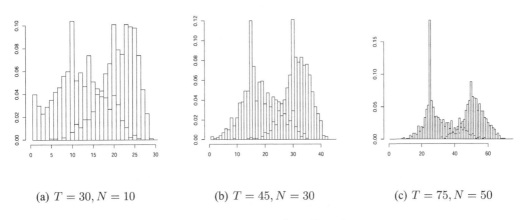

(a) $T = 30, N = 10$ (b) $T = 45, N = 30$ (c) $T = 75, N = 50$

图 4.6   在弱变点信号下 $\hat{k}_1$ 和 $\hat{k}_2$ 的直方图

4.3 实证分析

为了说明理论结果的应用价值, 我们分析了多个国家的基尼系数 (百分数). 数据来源于世界不平等收入数据库 (World Income Inequality Database)[①]. 一个国家或地区的基尼系数是衡量该地的贫富差距的重要指标. 我们从数据库的 159 个国家和地区中挑选出 20 个国家自 1987 年至 1996 年的基尼系数, 包括 12 个欧洲国家 (德国、英国等), 2 个北美国家 (美国和加拿大), 2 个南美国家 (阿根廷和巴西), 3 个亚洲国家 (中国、新加坡和印度) 以及澳大利亚. 缺失的数据用线性插值法填补; 此外, 若一个年度存在多个基尼系数, 则用平均值来计算. 因此, 我们的分析是由 10 个观察期 ($T = 10$) 的 20 个个体 ($N = 20$) 构成的.

由理论部分可知, 我们并不要求每个个体都存在变点. 对于所选取的基尼系数数据, 一些国家的变点是肉眼可见的, 如图 4.7(a) 所示; 而某些国家的变点是难以观测到的, 如图 4.7(b) 所示. 使用 Bootstrap 抽样法绘制估计量的分布图, 重复次数为 1000 次, 如图 4.8所示. 图 4.8显

[①]https://www.wider.unu.edu/data

示 1991 年大概率为变点时刻. 此外, 由图 4.8可明显看出分布并不对称, 意味着数据在时间维度上并不是独立或弱相依 (如 Bai (2010) 的线性过程) 的.

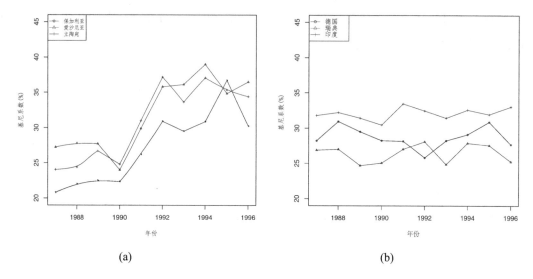

(a)　　　　　　　　　　　　　　　(b)

图 4.7　部分国家的基尼系数

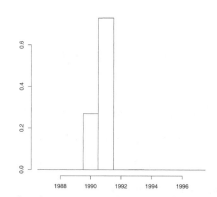

图 4.8　20 个国家 1987—1996 年的基尼系数变点估计直方图

4.4　证明

4.4.1　第 4.1.1 节的证明

对于模型 (4.1), 记

$$\psi_t = \frac{1}{\sqrt{\lambda_N}} \sum_{i=1}^{N} (\mu_{i1} - \mu_{i2}) x_{it}. \tag{4.14}$$

显然, 若 $\sup\limits_{i\geqslant 1}\sigma_i^2 < \infty$, 则

$$E(\psi_t) = 0, \quad E(\psi_t{}^2) = \frac{1}{\lambda_N}\sum_{i=1}^{N}(\mu_{i1}-\mu_{i2})^2\sigma_i^2 < \infty.$$

接下来我们将证明一个与引理 1.1 相似的引理, 给出 $\{\psi_t, t\geqslant 1\}$ 的加权部分和的极大值的上界.

引理 4.1 对于模型 (4.1), 若假设 C1 成立, 则

$$\sup_{1\leqslant k\leqslant n}\frac{1}{\sqrt{k}}\left|\sum_{t=1}^{k}\psi_t\right| = O(n^{\max\limits_{1\leqslant k\leqslant N}d_i}\sqrt{\log n}),$$

$$\sup_{k\geqslant n}\frac{1}{k}\left|\sum_{t=1}^{k}\psi_t\right| = O_p\left(\frac{1}{n^{0.5-\max\limits_{1\leqslant i\leqslant N}d_i}}\right).$$

证明 由 Lavielle 和 Moulines (2000) 给出的 Hájek-Rényi 不等式 (5) 和 (7) 可知, 只需证明下式即可推导出引理 L: 4.1

$$E\left(\sum_{t=l+1}^{j}\psi_t\right)^2 \leqslant C|j-l|^{1+2\max\limits_{1\leqslant i\leqslant N}d_i},$$

其中, 常数 C 的值与 ψ_t 的分布有关. 由于 σ_i^2 和 d_i 的一直有界性, 以及 $\lim\limits_{n\to\infty}\Gamma(a+n)/[n^{a-b}\Gamma(b+n)] = 1$, 则运用 Sowell (1990) 的定理 1 可得

$$E\left(\sum_{t=l+1}^{j}\psi_t\right)^2$$

$$= \frac{1}{\lambda_N}\sum_{i=1}^{N}(\mu_{i2}-\mu_{i1})^2 E\left(\sum_{t=l+1}^{j}x_{it}\right)$$

$$= \frac{1}{\lambda_N}\sum_{i=1}^{N}(\mu_{i2}-\mu_{i1})^2\cdot\frac{\sigma_i^2\Gamma(1-2d_i)}{(1+2d_i)\Gamma(1+d_i)\Gamma(1-d_i)}\left[\frac{\Gamma(1+d_i+|j-l|)}{\Gamma(-d_i+|j-l|)}-\frac{\Gamma(1+d_i)}{\Gamma(-d_i)}\right]$$

$$\leqslant \frac{1}{\lambda_N}\sum_{i=1}^{N}(\mu_{i2}-\mu_{i1})^2\cdot\frac{\sigma_i^2\Gamma(1-2d_i)}{(1+2d_i)\Gamma(1+d_i)\Gamma(1-d_i)}\frac{\Gamma(1+d_i+|j-l|)}{\Gamma(-d_i+|j-l|)}$$

$$\leqslant \frac{C}{\lambda_N}\sum_{i=1}^{N}(\mu_{i2}-\mu_{i1})^2\cdot\frac{\sigma_i^2\Gamma(1-2d_i)}{(1+2d_i)\Gamma(1+d_i)\Gamma(1-d_i)}\cdot|j-l|^{1+2d_i}$$

$$\leqslant C|j-l|^{1+2\max\limits_{1\leqslant i\leqslant N}d_i},$$

从而引理 4.1 得证.

与第 3.1 节的证明中的式 (3.12) 和式 (3.13) 一样, 分别写出 $S_{NT}(k)$ 在 $k \leqslant k^0$ 和 $k > k^0$ 情形下的表达式:

$$
\begin{aligned}
S_{NT}(k) &= \sum_{i=1}^{N}\sum_{t=1}^{T} x_{it}^2 - \frac{1}{k}\sum_{i=1}^{N}\left(\sum_{t=1}^{k} x_{it}\right)^2 - \frac{1}{T-k}\sum_{i=1}^{N}\left(\sum_{t=k+1}^{T} x_{it}\right)^2 \\
&\quad + 2\frac{T-k^0}{T-k}\sum_{i=1}^{N}\sum_{t=k+1}^{T}(\mu_{i1}-\mu_{i2})x_{it} - 2\frac{k^0-k}{T-k}\sum_{i=1}^{N}\sum_{t=k^0+1}^{T}(\mu_{i1}-\mu_{i2})x_{it} \\
&\quad + \frac{(k^0-k)(T-k^0)}{T-k}\sum_{i=1}^{N}(\mu_{i2}-\mu_{i1})^2, \quad k\in[1,k^0],
\end{aligned}
\tag{4.15}
$$

$$
\begin{aligned}
S_{NT}(k) &= \sum_{i=1}^{N}\sum_{t=1}^{T} x_{it}^2 - \frac{1}{k}\sum_{i=1}^{N}\left(\sum_{t=1}^{k} x_{it}\right)^2 - \frac{1}{T-k}\sum_{i=1}^{N}\left(\sum_{t=k+1}^{T} x_{it}\right)^2 \\
&\quad + 2\frac{k-k^0}{k}\sum_{i=1}^{N}\sum_{t=1}^{k^0}(\mu_{i1}-\mu_{i2})x_{it} - 2\frac{k^0-k}{k}\sum_{i=1}^{N}\sum_{t=k^0+1}^{k}(\mu_{i1}-\mu_{i2})x_{it} \\
&\quad + \frac{(k-k^0)k^0}{k}\sum_{i=1}^{N}(\mu_{i2}-\mu_{i1})^2, \quad k\in[k^0+1,T].
\end{aligned}
\tag{4.16}
$$

由式 (4.16) 可得

$$
\begin{aligned}
&S_{NT}(k) - S_{NT}(k^0) \\
&= \frac{(k^0-k)(T-k^0)}{T-k}\sum_{i=1}^{N}(\mu_{i2}-\mu_{i1})^2 - \sum_{i=1}^{N}\left[\frac{1}{k}\left(\sum_{t=1}^{k} x_{it}\right)^2 - \frac{1}{k^0}\left(\sum_{t=1}^{k^0} x_{it}\right)^2\right] \\
&\quad - \sum_{i=1}^{N}\left[\frac{1}{T-k}\left(\sum_{t=k+1}^{T} x_{it}\right)^2 - \frac{1}{T-k^0}\left(\sum_{t=k^0+1}^{T} x_{it}\right)^2\right] \\
&\quad + 2\frac{T-k^0}{T-k}\sum_{i=1}^{N}\sum_{t=k+1}^{k^0}(\mu_{i1}-\mu_{i2})x_{it} \\
&\quad - 2\frac{k^0-k}{T-k}\sum_{i=1}^{N}\sum_{t=k^0+1}^{T}(\mu_{i1}-\mu_{i2})x_{it}, \quad k\in[1,k^0].
\end{aligned}
\tag{4.17}
$$

从而可得以下引理.

引理 4.2　对于模型 (4.1), 若假设 C1, C2, C3(i) 成立, 当 $N\to\infty$(对于无界的 T, 则 $N,T\to$

∞) 时, 有

$$P\left(\min_{k\neq k^0} S_{NT}(k) - S_{NT}(k^0) \le 0\right) \to 0.$$

证明 只需证明当 $N \to \infty$ 时, 有 $P(\min\limits_{k\in D(k^0)} S_{NT}(k) - S_{NT}(k^0) > 0) \to 1.$ 由于对称性, 我们只给出 $k < k^0$ 情形时的证明, 即仅证

$$P\left(\min_{k\in D(k^0),\ k<k^0} S_{NT}(k) - S_{NT}(k^0) > 0\right) \to 1, \quad N, T \to \infty.$$

式 (4.17) 给出了 $S_{NT}(k) - S_{NT}(k^0)$ 的表达式, 接下来将说明式 (4.17) 等号右端的第一项是主项.

对于第一项, 因为 $(T-k^0)/(T-k) \geqslant (T-k^0)/T = 1 - \tau^0$, 则下式对于 $k \in [1, k^0-1]$ 一致成立

$$\frac{(k^0-k)(T-k^0)}{T-k} \sum_{i=1}^{N} (\mu_{i2} - \mu_{i1})^2 \geqslant (1-\tau^0)(k^0-k)\lambda_N. \tag{4.18}$$

对于第二项,

$$\sum_{i=1}^{N}\left[\frac{1}{k}\left(\sum_{t=1}^{k} x_{it}\right)^2 - \frac{1}{k^0}\left(\sum_{t=1}^{k^0} x_{it}\right)^2\right]$$

$$= (k^0-k)\sum_{i=1}^{N}\left[\frac{1}{kk^0}\left(\sum_{t=1}^{k} x_{it}\right)^2 - \frac{2}{k^0(k^0-k)}\left(\sum_{t=1}^{k} x_{it}\right)\left(\sum_{t=k+1}^{k^0} x_{it}\right)\right.$$

$$\left. - \frac{1}{k^0(k^0-k)}\left(\sum_{t=k+1}^{k^0} x_{it}\right)^2\right]$$

$$= (k^0-k)\left\{\frac{N}{k^0}\frac{1}{N}\sum_{i=1}^{N}\left(\frac{1}{\sqrt{k}}\sum_{t=1}^{k} x_{it}\right)^2 - \frac{N}{k^0}\frac{1}{N}\sum_{i=1}^{N}\left(\frac{1}{\sqrt{k^0-k}}\sum_{t=k+1}^{k^0} x_{it}\right)^2\right.$$

$$\left. - 2\frac{N}{(k^0)^{0.5}}\frac{1}{N}\sum_{i=1}^{N}\left[\left(\frac{1}{(k^0)^{0.5}}\sum_{t=1}^{k} x_{it}\right)\left(\frac{1}{k^0-k}\sum_{t=k+1}^{k^0} x_{it}\right)\right]\right\}.$$

那么, 只需要证明当 $k \in [1, k^0-1]$ 时, 上式大括号内的每一项都受 λ_N 控制. 运用引理 1.1,

由假设 C3(i) 得

$$
\sum_{i=1}^{N}\left[\frac{1}{k}\left(\sum_{t=1}^{k}x_{it}\right)^2-\frac{1}{k^0}\left(\sum_{t=1}^{k^0}x_{it}\right)^2\right]
$$

$$
=\ (k^0-k)\sum_{i=1}^{N}\left[\frac{1}{kk^0}\left(\sum_{t=1}^{k}x_{it}\right)^2-\frac{2}{k^0(k^0-k)}\left(\sum_{t=1}^{k}x_{it}\right)\left(\sum_{t=k+1}^{k^0}x_{it}\right)\right.
$$

$$
\left.-\frac{1}{k^0(k^0-k)}\left(\sum_{t=k+1}^{k^0}x_{it}\right)^2\right]
$$

$$
=\ (k^0-k)\left\{\frac{N}{k^0}\frac{1}{N}\sum_{i=1}^{N}\left(\frac{1}{\sqrt{k}}\sum_{t=1}^{k}x_{it}\right)^2-\frac{N}{k^0}\frac{1}{N}\sum_{i=1}^{N}\left(\frac{1}{\sqrt{k^0-k}}\sum_{t=k+1}^{k^0}x_{it}\right)^2\right.
$$

$$
\left.-2\frac{N}{(k^0)^{0.5}}\frac{1}{N}\sum_{i=1}^{N}\left[\left(\frac{1}{(k^0)^{0.5}}\sum_{t=1}^{k}x_{it}\right)\left(\frac{1}{k^0-k}\sum_{t=k+1}^{k^0}x_{it}\right)\right]\right\}.
$$

同理可得,

$$
\sup_{1\leqslant k<k^0}\frac{N}{k^0}\frac{1}{N}\sum_{i=1}^{N}\left(\frac{1}{\sqrt{k^0-k}}\sum_{t=k+1}^{k^0}x_{it}\right)^2
$$

$$
\leqslant\ O_p\left(\frac{NT^{2\max\limits_{1\leqslant i\leqslant N}d_i}\log T}{T}\right)\leqslant O_p\left(\frac{N}{T^{0.5-\max\limits_{1\leqslant i\leqslant N}d_i}}\cdot\frac{\log T}{T^{0.5-\bar{d}}}\right)=O_p(\lambda_N).
$$

对于最后一项, 由泛函中心极限定理、引理 1.1 和假设 C3(i) 易得

$$
\sup_{1\leqslant k<k^0}\left|\frac{N}{(k^0)^{0.5}}\frac{1}{N}\sum_{i=1}^{N}\left[\left(\frac{1}{(k^0)^{0.5}}\sum_{t=1}^{k}x_{it}\right)\left(\frac{1}{k^0-k}\sum_{t=k+1}^{k^0}x_{it}\right)\right]\right|
$$

$$
\leqslant\ \frac{N}{(k^0)^{0.5-\max\limits_{1\leqslant i\leqslant N}d_i}}\frac{1}{N}\sum_{i=1}^{N}\sup_{1\leqslant k<k^0}\left|\frac{1}{(k^0)^{0.5+d_i}}\sum_{t=1}^{k}x_{it}\right|\cdot\sup_{k^0-k\geq 1}\left|\frac{1}{k^0-k}\sum_{t=k+1}^{k^0}x_{it}\right|
$$

$$
=\ O_p\left(\frac{N}{T^{0.5-\max\limits_{1\leqslant i\leqslant N}d_i}}\right)=O_p(\lambda_N).
$$

故, 当 $k\in[1,k^0-1]$ 时, 式 (4.17) 等号右端的第二项受第一项控制.

同理可证, 当 $k\in[1,k^0-1]$ 时, 式 (4.17) 等号右端的第三项受第一项控制.

对于式 (4.17) 等号右端的第四项, 有

$$
\frac{T-k^0}{T-k}\sum_{i=1}^{N}\sum_{t=k+1}^{k^0}(\mu_{i1}-\mu_{i2})x_{it}=\frac{T-k^0}{T-k}\sqrt{\lambda_N}\sum_{t=k+1}^{k^0}\psi_t,
$$

其中, ψ_t 的定义见式 (4.14). 由引理 4.1 可得

$$\sup_{1\leqslant k<k^0} \frac{1}{k^0-k}\left|\sum_{t=k+1}^{k^0}\psi_t\right| = O_p(1),$$

又注意到 $|(T-k^0)/(T-k)|<1$, 且当 $N\to\infty$ 时, λ_N 趋于无穷, 从而

$$\sup_{1\leqslant k<k^0} \frac{2}{(k^0-k)\lambda_N}\frac{T-k^0}{T-k}\sum_{i=1}^N\sum_{t=k+1}^{k^0}(\mu_{i1}-\mu_{i2})x_{it} = O_p\left(\frac{1}{\sqrt{\lambda_N}}\right) = O_p(1).$$

因此, 当 $k\in[1,k^0-1]$ 时, 式 (4.17) 等号右端的第四项受第一项控制.

对于式 (4.17) 等号右端的最后一项, 注意到 $\sup\limits_{1\leqslant k<k^0}\left|\frac{k^0-k}{T-k}\right|<1$, 由性质 R4 可得,

$$E\left(\sup_{1\leqslant k\leqslant k^0}\left|\frac{k^0-k}{T-k}\sum_{i=1}^N\sum_{t=k^0+1}^T(\mu_{i1}-\mu_{i2})x_{it}\right|\right)^2$$

$$\leqslant E\left|\sum_{i=1}^N\sum_{t=k^0+1}^T(\mu_{i1}-\mu_{i2})x_{it}\right|^2$$

$$= \sum_{i=1}^N(\mu_{i1}-\mu_{i2})^2 E\left(\sum_{t=k^0+1}^T x_{it}\right)^2 = O\left(\lambda_N T^{1+2\max\limits_{1\leqslant i\leqslant N}d_i}\right).$$

从而,

$$\sup_{1\leqslant k\leqslant k^0}\left|\frac{k^0-k}{T-k}\sum_{i=1}^N\sum_{t=k^0+1}^T(\mu_{i1}-\mu_{i2})x_{it}\right| \leqslant \left|\sum_{i=1}^N\sum_{t=k^0+1}^T(\mu_{i1}-\mu_{i2})x_{it}\right|$$

$$= O_p\left(\sqrt{\lambda_N}T^{0.5+\max\limits_{1\leqslant i\leqslant N}d_i}\right). \quad (4.19)$$

由式 (2.24) 可得

$$\sup_{1\leqslant k<k^0}\left|\frac{1}{(k^0-k)\lambda_N}\cdot\frac{k^0-k}{T-k}\sum_{i=1}^N\sum_{t=k^0+1}^T(\mu_{i1}-\mu_{i2})x_{it}\right|$$

$$\leqslant \frac{C}{\lambda_N T}\left|\sum_{i=1}^N\sum_{t=k^0+1}^T(\mu_{i1}-\mu_{i2})x_{it}\right|$$

$$= O_p\left(\frac{\sqrt{\lambda_N}T^{0.5+\max\limits_{1\leqslant i\leqslant N}d_i}}{\lambda_N T}\right)\leqslant O_p\left(\frac{1}{\sqrt{\lambda_N}T^{0.5-\bar d}}\right) = O_p(1).$$

故, 当 $k \in [1, k^0 - 1]$ 时, 式 (4.17) 等号右端的最后一项受第一项控制.

基于以上结论, 当 $k \in [1, k^0 - 1]$ 时, 有

$$S_{NT}(k) - S_{NT}(k^0) = (1 - \tau^0)(k^0 - k)\lambda_N(1 + O_p(1)).$$

即 $\min\limits_{k \in D(k^0),\, k < k^0} S_{NT}(k) - S_{NT}(k^0) \geqslant (1 - \tau^0)\lambda_N(1 + O_p(1)), 0 < \tau^0 < 1$, 且当 $N \to \infty$ 时有 $\lambda_N \to \infty$, 故当 $N, T \to \infty$ 时, 有 $P\left(\min\limits_{k \in D(k^0),\, k < k^0} S_{NT}(k) - S_{NT}(k^0) > 0\right) \to 1$. 得证.

引理 4.3　对于模型 (4.1), 在假设 C1, C2 和 C3(ii) 下, 存在某个正的常数 $M < \infty$, 使得当 $N, T \to \infty$ 时, 有

$$P\left(\min\limits_{|k - k^0| > M} S_{NT}(k) - S_{NT}(k^0) \leqslant 0\right) \to 0.$$

证明　与引理 4.2 的证明类似, 仅需证明当 $N, T \to \infty$ 时, 以下结论成立:

$$P\left(\min\limits_{k^0 - k > M} S_{NT}(k) - S_{NT}(k^0) > 0\right) \to 1.$$

$S_{NT}(k) - S_{NT}(k^0)$ 的表达式见式 (4.17), 下面分别讨论式 (4.17) 等号右端的每一项.

对于第一项, 以下不等式依然成立:

$$\frac{(k^0 - k)(T - k^0)}{T - k} \sum_{i=1}^{N} (\mu_{i2} - \mu_{i1})^2 \geqslant (1 - \tau^0)(k^0 - k)\lambda_N.$$

接下来将说明当 $k^0 - k > M$ 时, 式 (4.17) 等号右端的第一项为主项, 那么此时有

$$\min\limits_{k^0 - k > M} S_{NT}(k) - S_{NT}(k^0) > (1 - \tau^0)M\lambda/2$$

以概率 1 成立, 引理即得证.

对于式 (4.17) 等号右端的第二项和第三项, 参考引理 4.2 的证明, 由假设 A3(ii) 可知

$$\sup\limits_{1 \leqslant k < k^0 - M} \frac{N}{k^0} \frac{1}{N} \sum_{i=1}^{N} \left(\frac{1}{\sqrt{k}} \sum_{t=1}^{k} x_{it}\right)^2 \leqslant O_p\left(\frac{N}{T^{0.5 - \max\limits_{1 \leqslant i \leqslant N} d_i}} \cdot \frac{\log T}{T^{0.5 - \overline{d}}}\right) = O_p(\lambda_N),$$

$$\sup\limits_{1 \leqslant k < k^0 - M} \frac{N}{k^0} \frac{1}{N} \sum_{i=1}^{N} \left(\frac{1}{\sqrt{k^0 - k}} \sum_{t=k+1}^{k^0} x_{it}\right)^2 \leqslant O_p\left(\frac{N}{T^{0.5 - \max\limits_{1 \leqslant i \leqslant N} d_i}} \cdot \frac{\log T}{T^{0.5 - \overline{d}}}\right) = O_p(\lambda_N),$$

且当 $M \to \infty$ 时,

$$\sup_{1 \leqslant k < k^0 - M} \left| \frac{N}{(k^0)^{0.5}} \frac{1}{N} \sum_{i=1}^{N} \left[\left(\frac{1}{(k^0)^{0.5}} \sum_{t=1}^{k} x_{it} \right) \left(\frac{1}{k^0 - k} \sum_{t=k+1}^{k^0} x_{it} \right) \right] \right|$$

$$\leqslant \frac{N}{(k^0)^{0.5 - \max\limits_{1 \leqslant i \leqslant N} d_i}} \frac{1}{N} \sum_{i=1}^{N} \sup_{1 \leqslant k < k^0} \left| \frac{1}{(k^0)^{0.5+d_i}} \sum_{t=1}^{k} x_{it} \right| \cdot \sup_{k^0 - k > M} \left| \frac{1}{k^0 - k} \sum_{t=k+1}^{k^0} x_{it} \right|$$

$$\leqslant O_p \left(\frac{N}{T^{0.5 - \max\limits_{1 \leqslant i \leqslant N} d_i}} \cdot \frac{1}{M^{0.5 - \max\limits_{1 \leqslant i \leqslant N} d_i}} \right) \leqslant O_p \left(\frac{N}{T^{0.5 - \max\limits_{1 \leqslant i \leqslant N} d_i}} \cdot \frac{1}{M^{0.5 - \bar{d}}} \right) = O_p(\lambda_N).$$

从而可知式 (4.17) 等号右端的第二项受第一项控制, 同理可得式 (4.17) 等号右端的第三项也受第一项控制.

对于式 (4.17) 等号右端的第四项, 由引理 4.1 可得:

$$\sup_{k < k^0 - M} \frac{1}{k^0 - k} \left| \sum_{t=k+1}^{k^0} \psi_t \right| = O_p \left(\frac{1}{M^{0.5 - \max\limits_{1 \leqslant i \leqslant N} d_i}} \right).$$

ψ_t 的定义见式 (4.14). 从而有

$$\sup_{k^0 - k > M} \left| \frac{2}{(k^0 - k)\lambda_N} \frac{T - k^0}{T - k} \sum_{i=1}^{N} \sum_{t=k+1}^{k^0} (\mu_{i1} - \mu_{i2}) x_{it} \right|$$

$$= \sup_{k^0 - k > M} \left| \frac{2}{\sqrt{\lambda_N}} \frac{T - k^0}{T - k} \frac{1}{k^0 - k} \sum_{t=k+1}^{k^0} \psi_t \right|$$

$$\leqslant O_p \left(\frac{1}{\sqrt{\lambda_N} M^{0.5 - \max\limits_{1 \leqslant i \leqslant N} d_i}} \right)$$

$$= O_p \left(\frac{1}{M^{0.5 - \max\limits_{1 \leqslant i \leqslant N} d_i}} \right) \leqslant O_p \left(\frac{1}{M^{0.5 - \bar{d}}} \right).$$

因此, 当 M 足够大时, 第四项被第一项控制.

对于式 (4.17) 等号右端的最后一项, 回顾引理 4.2 的证明可知,

$$\sup_{1 \leqslant k < k^0 - M} \left| \frac{1}{(k^0 - k)\lambda_N} \cdot \frac{k^0 - k}{T - k} \sum_{i=1}^{N} \sum_{t=k^0+1}^{T} (\mu_{i1} - \mu_{i2}) x_{it} \right|$$

$$\leqslant O_p \left(\frac{\sqrt{\lambda_N} T^{0.5 + \max\limits_{1 \leqslant i \leqslant N} d_i}}{\lambda_N T} \right)$$

$$= O_p(T^{-0.5 + \max\limits_{1 \leqslant i \leqslant N} d_i}) \leqslant O_p(T^{-0.5 + \bar{d}}) = O_p(1).$$

即最后一项受第一项控制.

　　证毕.

引理 4.4　对于模型 (4.1), 在假设 C1, C2 和 C3(iii) 下, 存在正常数 $M < \infty$, 使得当 $N, T \to \infty$ 时, 有

$$P\left(\min_{|k-k^0|>M\lambda_N^{-1/(1-2d)}} S_{NT}(k) - S_{NT}(k^0) \leqslant 0\right) \to 0.$$

证明　与引理 4.2 的证明类似, 只需说明当 $N, T \to \infty$ 时,

$$P\left(\min_{k^0-k>M\lambda_N^{-1/(1-2d)}} S_{NT}(k) - S_{NT}(k^0) > 0\right) \to 1.$$

式 (4.17) 给出了 $S_{NT}(k) - S_{NT}(k^0)$ 的表达式, 下面将说明当 $k^0 - k > M\lambda_N^{-1/(1-2d)}$ 时, 若 M 足够大, 则式 (4.17) 等号右端的第一项会控制其他项.

　　对于式 (4.17) 等号右端的第一项, 显然当 $N, T \to \infty$ 时,

$$
\begin{aligned}
\min_{k^0-k>M\lambda_N^{-1/\left(1-2\max_{1\leqslant i\leqslant N} d_i\right)}} (1-\tau^0)(k^0-k)\lambda_N &\geqslant (1-\tau^0)M\lambda_N^{-1/(1-2\max_{1\leqslant i\leqslant N} d_i)}\lambda_N \\
&= (1-\tau^0)M\lambda_N^{-2\max_{1\leqslant i\leqslant N} d_i/(1-2\max_{1\leqslant i\leqslant N} d_i)} \\
&\geqslant (1-\tau^0)M\lambda_N^{-2\underline{d}/(1-2\underline{d})}.
\end{aligned}
$$

若 $\underline{d} > 0$, 则当 $N \to \infty$ 时,

$$\min_{k^0-k>M\lambda_N^{-1/\left(1-2\max_{1\leqslant i\leqslant N} d_i\right)}} (1-\tau^0)(k^0-k)\lambda_N \geqslant (1-\tau^0)M\lambda_N^{-2\underline{d}/(1-2\underline{d})} \to \infty.$$

若 $\underline{d} = 0$, 则

$$\min_{k^0-k>M\lambda_N^{-1/\left(1-2\max_{1\leqslant i\leqslant N} d_i\right)}} (1-\tau^0)(k^0-k)\lambda_N \geqslant (1-\tau^0)M.$$

对于式 (4.17) 等号右端的第二项和第三项, 参考引理 4.2 的证明, 由假设 A3(iii) 可知

$$\sup_{1\leqslant k<k^0-\lambda_N^{-1/\left(1-2\max_{1\leqslant i\leqslant N} d_i\right)}} \frac{N}{k^0}\frac{1}{N}\sum_{i=1}^N\left(\frac{1}{\sqrt{k}}\sum_{t=1}^k x_{it}\right)^2 \leqslant O_p\left(\frac{NT^{2\max_{1\leqslant i\leqslant N} d_i}\log T}{T}\right) = O_p(\lambda_N),$$

$$
\begin{aligned}
\sup_{1\leqslant k<k^0-\lambda_N^{-1/\left(1-2\max_{1\leqslant i\leqslant N} d_i\right)}} \frac{N}{k^0}\frac{1}{N}\sum_{i=1}^N\left(\frac{1}{\sqrt{k^0-k}}\sum_{t=k+1}^{k^0} x_{it}\right)^2 &\leqslant O_p\left(\frac{NT^{2\max_{1\leqslant i\leqslant N} d_i}\log T}{T}\right) \\
&= O_p(\lambda_N),
\end{aligned}
$$

且当 $M \to \infty$ 时, 有

$$
\sup_{\substack{1 \leqslant k < k^0 - M\lambda_N^{-1/\left(1-2\max\limits_{1\leqslant i\leqslant N} d_i\right)}}} \left| \frac{N}{(k^0)^{0.5}} \frac{1}{N} \sum_{i=1}^{N} \left[\left(\frac{1}{(k^0)^{0.5}} \sum_{t=1}^{k} x_{it} \right) \left(\frac{1}{k^0 - k} \sum_{t=k+1}^{k^0} x_{it} \right) \right] \right|
$$

$$
\leqslant \frac{N}{(k^0)^{0.5 - \max\limits_{1\leqslant i\leqslant N} d_i}}
$$

$$
\cdot \frac{1}{N} \sum_{i=1}^{N} \sup_{1\leqslant k < k^0} \left| \frac{1}{(k^0)^{0.5+d_i}} \sum_{t=1}^{k} x_{it} \right| \cdot \sup_{\substack{k^0 - k > M\lambda_N^{-1/\left(1-2\max\limits_{1\leqslant i\leqslant N} d_i\right)}}} \left| \frac{1}{k^0 - k} \sum_{t=k+1}^{k^0} x_{it} \right|
$$

$$
\leqslant O_p \left(\frac{N}{T^{0.5 - \max\limits_{1\leqslant i\leqslant N} d_i}} \cdot \frac{1}{\left(M\lambda_N^{-1/\left(1-2\max\limits_{1\leqslant i\leqslant N} d_i\right)} \right)^{0.5 - \max\limits_{1\leqslant i\leqslant N} d_i}} \right)
$$

$$
= O_p \left(\frac{N}{T^{0.5 - \max\limits_{1\leqslant i\leqslant N} d_i}} \cdot \frac{\sqrt{\lambda_N}}{M^{0.5 - \max\limits_{1\leqslant i\leqslant N} d_i}} \right)
$$

$$
\leqslant O_p \left(\frac{N}{T^{0.5 - \max\limits_{1\leqslant i\leqslant N} d_i}} \cdot \frac{\sqrt{\lambda_N}}{M^{0.5 - \bar{d}}} \right) = O_p(\lambda_N).
$$

从而可知式 (4.17) 等号右端的第二项受第一项控制, 同理可得第三项也受第一项控制.

对于式 (4.17) 等号右端的第四项, 由引理 4.1 可得:

$$
\sup_{\substack{k^0 - k > M\lambda_N^{-1/\left(1-2\max\limits_{1\leqslant i\leqslant N} d_i\right)}}} \left| \frac{1}{k^0 - k} \sum_{t=k+1}^{k^0} \psi_t \right| = O_p \left(\frac{\sqrt{\lambda_N}}{M^{0.5 - \max\limits_{1\leqslant i\leqslant N} d_i}} \right).
$$

从而有

$$
\sup_{\substack{k^0 - k > M\lambda_N^{-1/\left(1-2\max\limits_{1\leqslant i\leqslant N} d_i\right)}}} \left| \frac{2}{(k^0 - k)\lambda_N} \frac{T - k^0}{T - k} \sum_{i=1}^{N} \sum_{t=k+1}^{k^0} (\mu_{i1} - \mu_{i2}) x_{it} \right|
$$

$$
\leqslant \sup_{\substack{k^0 - k > M\lambda_N^{-1/\left(1-2\max\limits_{1\leqslant i\leqslant N} d_i\right)}}} \frac{2}{\sqrt{\lambda_N}} \frac{T - k^0}{T - k} \left| \frac{1}{k^0 - k} \sum_{t=k+1}^{k^0} \psi_t \right|
$$

$$
= O_p \left(\frac{1}{M^{0.5 - \max\limits_{1\leqslant i\leqslant N} d_i}} \right) \leqslant O_p \left(\frac{1}{M^{0.5 - \bar{d}}} \right).
$$

因此, 当 M 足够大时, 第四项被第一项控制.

对于式 (4.17) 等号右端的最后一项, 回顾引理 4.2 的证明, 由假设 A3(iii) 可知,

$$\sup_{\substack{1 \leqslant k < k^0 - M\lambda_N \\ -1/(1-2\max_{1 \leqslant i \leqslant N} d_i)}} \left| \frac{1}{(k^0-k)\lambda_N} \cdot \frac{k^0-k}{T-k} \sum_{i=1}^{N} \sum_{t=k^0+1}^{T} (\mu_{i1}-\mu_{i2})x_{it} \right|$$

$$\leqslant O_p\left(\frac{\sqrt{\lambda_N}T^{0.5+\max_{1\leqslant i\leqslant N} d_i}}{\lambda_N T} \right) = O_p\left(\frac{1}{\sqrt{\lambda_N}T^{0.5-\max_{1\leqslant i\leqslant N} d_i}} \right) \leqslant O_p\left(\frac{1}{N} \right) = O_p(1).$$

即最后一项受第一项控制.

　　证毕.

定理 4.1 的证明: 定理 4.1 的结论由引理 4.2∼4.4 可得.

　　接下来, 我们证明定理 4.2. 记

$$\Psi_n = (\Psi_{n,1}^{\mathrm{T}}, \ \Psi_{n,2}^{\mathrm{T}})^{\mathrm{T}}, \ \ \Psi_{n,1} = (\psi_{-n}, \psi_{-(n-1)}, \psi_{-1})^{\mathrm{T}}, \ \ \Psi_{n,2} = (\psi_1, \cdots, \psi_{n-1}, \psi_n)^{\mathrm{T}},$$

其中, ψ_t 的定义见式 (4.14), n 是一个任意给定的正整数. 下述引理在定理 4.2 的证明中会起到关键作用.

引理 4.5　对于模型 (4.1), 若假设 C1, C2, C3(ii) 和 C4 成立, 则当 $N, T \to \infty$ 时, 有

$$\Psi_n \xrightarrow{d} N(\mathbf{0}_{2n}, \boldsymbol{\Sigma}_{2n}),$$

其中, $\mathbf{0}_{2n}$ 是一个 $2n \times 1$ 的零向量, $\boldsymbol{\Sigma}_{2n}$ 的定义见式 (4.5).

证明　由 Cramér-Wold 定理 (参见 Kallenberg, 2002, 推论 5.5) 可知, 只需证明对任意 $2n \times 1$ 非零向量 $\boldsymbol{a} = (a_{-n}, \cdots, a_{-1}, a_1, \cdots, a_n)^{\mathrm{T}}$, 当 $N, T \to \infty$ 时, 下式成立即可:

$$\boldsymbol{a}^{\mathrm{T}}\Psi_n \xrightarrow{d} N(0, \boldsymbol{a}^{\mathrm{T}}\boldsymbol{\Sigma}_{2n}\boldsymbol{a}).$$

注意到

$$\boldsymbol{a}^{\mathrm{T}}\Psi_n = \sum_{j=-n;j\neq 0}^{n} a_j\psi_j = \frac{1}{\sqrt{\lambda_N}}\sum_{i=1}^{N}(\mu_{i1}-\mu_{i2})\left(\sum_{j=-n;j\neq 0}^{n} a_jx_{ij} \right),$$

则其可被视作下述独立随机变量的部分和

$$\xi_i := \frac{\mu_{i1}-\mu_{i2}}{\sqrt{\lambda_N}}\left(\sum_{j=-n;j\neq 0}^{n} a_jx_{ij} \right), \ \ i \geqslant 1.$$

显然, $E(\boldsymbol{a}^{\mathrm{T}}\Psi_n) = 0$, 且

$$
\begin{aligned}
\mathrm{Var}(\boldsymbol{a}^{\mathrm{T}}\Psi_n) &= \frac{1}{\lambda_N}\sum_{i=1}^{N}(\mu_{i1}-\mu_{i2})^2 E\left(\sum_{j=-n;j\neq0}^{n} a_j x_{ij}\right)^2 \\
&= \sum_{j,k=-n;j,k\neq0}^{n} a_j a_k \frac{1}{\lambda_N}\sum_{i=1}^{N}(\mu_{i1}-\mu_{i2})^2\gamma_i(k-j).
\end{aligned}
$$

由假设 C4 可知, 当 $N\to\infty$ 时, $\frac{1}{\lambda_N}\sum_{i=1}^{N}(\mu_{i1}-\mu_{i2})^2\gamma_i(k-j)\to\gamma(k-j)$, 那么显然当 $N\to\infty$ 时,

$$
\mathrm{Var}(\boldsymbol{a}^{\mathrm{T}}\Psi_n) \to \sum_{j,k=-n;j,k\neq0}^{n} a_j a_k \gamma(k-j) = \boldsymbol{a}^{\mathrm{T}}\boldsymbol{\Sigma}_{2n}\boldsymbol{a},
$$

因此, 只需验证下述林德伯格条件即可证明本引理, 即对任意 $\eta>0$, 当 $N\to\infty$ 时, 有

$$
\sum_{i=1}^{N} E(\xi_i^2 I\{|\xi_i|>\eta\}) \to 0.
$$

观察到 $|\mu_{i1}-\mu_{i2}|$ 一致小于等于 $c_0/\sqrt{N}$, 因此

$$
\begin{aligned}
&\sum_{i=1}^{N} E\left(\xi_i^2 I\{|\xi_i|>\eta\}\right) \\
&\leqslant \frac{c_0^2}{N\lambda_N}\sum_{i=1}^{N} E\left(\sum_{j=-n;j\neq0}^{n} a_j x_{ij}\right)^2 I\left\{\left|\sum_{j=-n;j\neq0}^{n} a_j x_{ij}\right|>\eta\sqrt{N\lambda_N}/c_0\right\} \\
&\leqslant \frac{c_0^2}{\lambda_N}\max_{1\leqslant i\leqslant N} E\left(\sum_{j=-n;j\neq0}^{n} a_j x_{ij}\right)^2 I\left\{\left|\sum_{j=-n;j\neq0}^{n} a_j x_{ij}\right|>\eta\sqrt{N\lambda_N}/c_0\right\}.
\end{aligned}
$$

因此, 只需要说明 $\left(\sum_{j=-n;j\neq0}^{n} a_j x_{ij}\right)^2$ 的一致可积性. 由假设 C1 和 C_r 不等式可知,

$$
\begin{aligned}
&\sup_{i\geqslant1} E\left(\left|\sum_{j=-n;j\neq0}^{n} a_j x_{ij}\right|^{2+\alpha}\right) \\
&\leqslant (2n)^{1+\alpha}\sup_{i\geqslant1}\sum_{j=-n;j\neq0}^{n} E(|a_j x_{ij}|^{2+\alpha}) \\
&\leqslant (2n)^{2+\alpha}\max_{j=-n,\cdots,-1,1,\cdots,n}|a_j|^{2+\alpha}\sup_{i\geqslant1} E(|x_{i1}|^{2+\alpha}) < \infty,
\end{aligned}
$$

从而说明了 $\left(\sum\limits_{j=-n;j\neq 0}^{n} a_j x_{ij}\right)^2$ 的一致可积性.

证毕.

定理 4.2的证明：定义过程

$$\Delta_{NT}(l) = S_{NT}(k^0 + l) - S_{NT}(k^0),$$

其中, 整数 l 满足 $|l| \leqslant M$, M 是一任意大的正常数. 记

$$\hat{l} = \arg\min_{l}\Delta_{NT}(l),$$

则 $\hat{l} = \hat{k} - k^0$.

首先, 我们考虑 $-M \leqslant l < 0$ 情形. 将 $k = k^0 + l$ 代入式 (4.17), 则

$$
\begin{aligned}
&\Delta_{NT}(l)\\
={}& \frac{-l(T-k^0)}{T-k^0-l}\sum_{i=1}^{N}(\mu_{i2}-\mu_{i1})^2 - \sum_{i=1}^{N}\left[\frac{1}{k^0+l}\left(\sum_{t=1}^{k^0+l} x_{it}\right)^2 - \frac{1}{k^0}\left(\sum_{t=1}^{k^0} x_{it}\right)^2\right]\\
&-\sum_{i=1}^{N}\left[\frac{1}{T-k^0-l}\left(\sum_{t=k^0+l+1}^{T} x_{it}\right)^2 - \frac{1}{T-k^0}\left(\sum_{t=k^0+1}^{T} x_{it}\right)^2\right]\\
&+2\frac{T-k^0}{T-k^0-l}\sum_{i=1}^{N}\sum_{t=k^0+l+1}^{k^0}(\mu_{i1}-\mu_{i2})x_{it} - 2\frac{-l}{T-k^0-l}\sum_{i=1}^{N}\sum_{t=k^0+1}^{T}(\mu_{i1}-\mu_{i2})x_{it}.
\end{aligned}
$$

由引理 4.3 的证明可知上式等号右端第一项和第四项是主项. 对于第一项, 当 $N,T \to \infty$ 时, 有

$$\frac{-l(T-k^0)}{T-k^0-l}\sum_{i=1}^{N}(\mu_{i2}-\mu_{i1})^2 \to -l\lambda.$$

对于第四项, 首先,

$$2\frac{T-k^0}{T-k^0-l}\sum_{i=1}^{N}\sum_{t=k^0+l+1}^{k^0}(\mu_{i1}-\mu_{i2})x_{it} = 2\sqrt{\lambda_N}\frac{T-k^0}{T-k^0-l}\sum_{t=k^0+l+1}^{k^0}\psi_t.$$

接着由引理 4.5 可知当 $N,T \to \infty$ 时, 有

$$
\begin{aligned}
2\frac{T-k^0}{T-k^0-l}\sum_{i=1}^{N}\sum_{t=k^0+l+1}^{k^0}(\mu_{i1}-\mu_{i2})x_{it} &\overset{d}{=\!=} 2\sqrt{\lambda_N}\frac{T-k^0}{T-k^0-l}\sum_{t=l}^{-1}\psi_t\\
&\overset{d}{\longrightarrow} 2\sqrt{\lambda}\sum_{t=l}^{-1}\zeta_t,
\end{aligned}
$$

其中, $(\zeta_l, \cdots, \zeta_{-1})^{\mathrm{T}} \sim N(\mathbf{0}_{|l|}, \boldsymbol{\Sigma}_{|l|}(1))$, $\mathbf{0}_{|l|}$ 是一个 $|l| \times 1$ 的零向量, $\boldsymbol{\Sigma}_{|l|}(1)$ 的 $|l| \times |l|$ 的矩阵, 定义可见式 (4.6)(n 替换为 $|l|$). 综合上述结论可得, 对于 $-M \leqslant l < 0$ 的情形, 当 $N, T \to \infty$ 时, 有

$$\Delta_{NT}(l) \xrightarrow{d} -l\lambda + 2\sqrt{\lambda} \sum_{t=l}^{-1} \zeta_t. \tag{4.20}$$

同理, 对于 $0 < l \leqslant M$, 当 $N, T \to \infty$ 时, 有

$$\begin{aligned}
\Delta_{NT}(l) &= \frac{lk^0}{k^0+l} \sum_{i=1}^{N} (\mu_{i2}-\mu_{i1})^2 - \sum_{i=1}^{N} \left[\frac{1}{k^0+l} \left(\sum_{t=1}^{k^0+l} x_{it} \right)^2 - \frac{1}{k^0} \left(\sum_{t=1}^{k^0} x_{it} \right)^2 \right] \\
&\quad - \sum_{i=1}^{N} \left[\frac{1}{T-k^0-l} \left(\sum_{t=k^0+l+1}^{T} x_{it} \right)^2 - \frac{1}{T-k^0} \left(\sum_{t=k^0+1}^{T} x_{it} \right)^2 \right] \\
&\quad - 2\frac{k^0}{k^0+l} \sum_{i=1}^{N} (\mu_{i1}-\mu_{i2}) \sum_{t=k^0+1}^{k^0+l} x_{it} + 2\frac{l}{k^0+l} \sum_{i=1}^{N} \sum_{t=1}^{k^0} (\mu_{i1}-\mu_{i2}) x_{it} \\
&\xrightarrow{d} l\lambda - 2\sqrt{\lambda} \sum_{t=1}^{l} \zeta_t \stackrel{d}{=} l\lambda + 2\sqrt{\lambda} \sum_{t=1}^{l} \zeta_t. \tag{4.21}
\end{aligned}$$

此外, 当 $l=0$ 且 M 足够大时, $\Delta_{NT}(l) = 0$. 那么, 定义

$$W(l) = \begin{cases} -l\sqrt{\lambda} + 2\sum_{t=l}^{-1} \zeta_t, & l = -1, -2, \cdots, \\ 0, & l = 0, \\ l\sqrt{\lambda} + 2\sum_{t=1}^{l} \zeta_t, & l = 1, 2, \cdots, \end{cases}$$

则

$$\Delta_{NT}(l) \xrightarrow{d} \sqrt{\lambda} W(l).$$

由 $\arg\max / \arg\min$ 函数的连续映照定理可得,

$$\hat{k} - k^0 = \hat{l} \xrightarrow{d} \underset{l \in \{\cdots,-2,-1,0,1,2,\cdots\}}{\arg\min} \{\sqrt{\lambda} W(l)\} = \underset{l \in \{\cdots,-2,-1,0,1,2,\cdots\}}{\arg\min} W(l).$$

证毕.

接下来证明定理 4.3, 在此之前我们先给出 $\{\psi_t, t \geqslant 1\}$ 的泛函中心极限定理.

引理 4.6　对于模型 (4.1), 若假设 C1, C2, C3(iii) 和 C5 成立, 则当 $N, T \to \infty$ 时, 有

$$\frac{1}{T^{0.5 + \max\limits_{1 \leqslant i \leqslant N} d_i}} \sum_{t=1}^{\lfloor Tr \rfloor} \psi_t \Rightarrow \sigma_{\overline{d}} \kappa(\overline{d}) B_{\overline{d}}(r), \ 0 < r \leqslant 1,$$

其中, $\sigma_{\overline{d}}$ 的定义见假设 C5, $\kappa(\overline{d})$ 的定义见式 (1.2) (将 d 替换为 $\overline{d}$), $B_{\overline{d}}(\cdot)$ 是一个 Hurst 指数为 $H = 0.5 + \overline{d}$ 的双边分数布朗运动.

证明　由假设 A5 可知 $A_N = \left\{ j : d_j = \max\limits_{1 \leqslant i \leqslant N} d_i \right\}$, 显然

$$\begin{aligned}
\sum_{t=1}^{\lfloor Tr \rfloor} \psi_t &= \frac{1}{\sqrt{\lambda_N}} \sum_{i=1}^{N} (\mu_{i1} - \mu_{i2}) \sum_{t=1}^{\lfloor Tr \rfloor} x_{it} \\
&= \frac{1}{\sqrt{\lambda_N}} \sum_{i \in A_N} (\mu_{i1} - \mu_{i2}) \sum_{t=1}^{\lfloor Tr \rfloor} x_{it} + \frac{1}{\sqrt{\lambda_N}} \sum_{i \notin A_N} (\mu_{i1} - \mu_{i2}) \sum_{t=1}^{\lfloor Tr \rfloor} x_{it}. \quad (4.22)
\end{aligned}$$

接下来我们将证明式 (4.22) 等号右端第二项求和可忽略不计, 第一项求和可由泛函中心极限定理近似. 注意到两项求和的期望都是零, 且由性质 P1、假设 A1 和 A5 可知, 对 $r \in (0,1]$ 一致有

$$\begin{aligned}
&\mathrm{Var} \left(\frac{1}{\sqrt{\lambda_N}} \sum_{i \in A_N} (\mu_{i1} - \mu_{i2}) \sum_{t=1}^{\lfloor Tr \rfloor} x_{it} \right) \\
&= \frac{1}{\lambda_N} \sum_{i \in A_N} (\mu_{i1} - \mu_{i2})^2 E \left(\sum_{t=1}^{\lfloor Tr \rfloor} x_{it} \right)^2 \\
&= \frac{1}{\lambda_N} \sum_{i \in A_N} (\mu_{i1} - \mu_{i2})^2 \sigma_i^2 \cdot O \left(T^{1 + 2 \max\limits_{1 \leqslant i \leqslant N} d_i} \right) \\
&= \sigma_{\overline{d}}^2 (1 + o(1)) \cdot O \left(T^{1 + 2 \max\limits_{1 \leqslant i \leqslant N} d_i} \right) = O \left(T^{1 + 2 \max\limits_{1 \leqslant i \leqslant N} d_i} \right),
\end{aligned}$$

$$\begin{aligned}
&\mathrm{Var} \left(\frac{1}{\sqrt{\lambda_N}} \sum_{i \notin A_N} (\mu_{i1} - \mu_{i2}) \sum_{t=1}^{\lfloor Tr \rfloor} x_{it} \right) \\
&= \frac{1}{\lambda_N} \sum_{i \notin A_N} (\mu_{i1} - \mu_{i2})^2 E \left(\sum_{t=1}^{\lfloor Tr \rfloor} x_{it} \right)^2 \\
&= \frac{1}{\lambda_N} \sum_{i \notin A_N} (\mu_{i1} - \mu_{i2})^2 \sigma_i^2 \cdot o \left(T^{1 + 2 \max\limits_{1 \leqslant i \leqslant N} d_i} \right) \\
&\leqslant \sup_{i \geqslant 1} \sigma_i^2 \cdot o \left(T^{1 + 2 \max\limits_{1 \leqslant i \leqslant N} d_i} \right) = o \left(T^{1 + 2 \max\limits_{1 \leqslant i \leqslant N} d_i} \right),
\end{aligned}$$

因此,

$$\sum_{t=1}^{\lfloor Tr \rfloor} \psi_t = \frac{1}{\sqrt{\lambda_N}} \sum_{i \in A_N} (\mu_{i1} - \mu_{i2}) \sum_{t=1}^{\lfloor Tr \rfloor} x_{it} \cdot (1 + o_p(1)) =: \sum_{t=1}^{\lfloor Tr \rfloor} \psi'_t \cdot (1 + o_p(1)),$$

其中,

$$\psi'_t = \frac{1}{\sqrt{\lambda_N}} \sum_{i \in A_N} (\mu_{i1} - \mu_{i2}) x_{it}.$$

观察

$$
\begin{aligned}
(1 - B)^{\max_{1 \leqslant i \leqslant N} d_i} \psi'_t &= \sum_{j=0}^{\infty} \frac{\Gamma(-\max_{1 \leqslant i \leqslant N} d_i + j)}{\Gamma(\max_{1 \leqslant i \leqslant N} d_i) \Gamma(j+1)} \frac{1}{\sqrt{\lambda_N}} \sum_{i \in A_N} (\mu_{i1} - \mu_{i2}) u_{i,t-j} \\
&=: \sum_{j=0}^{\infty} \frac{\Gamma(-\max_{1 \leqslant i \leqslant N} d_i + j)}{\Gamma(\max_{1 \leqslant i \leqslant N} d_i) \Gamma(j+1)} u'_{t-j},
\end{aligned}
$$

其中,

$$u'_{t-j} = \frac{1}{\sqrt{\lambda_N}} \sum_{i \in A_N} (\mu_{i1} - \mu_{i2}) u_{i,t-j},$$

那么, $E(u'_{t-j}) = 0$, 且由假设 C5 可知, 当 $N \to \infty$ 时, 有

$$\mathrm{Var}(u'_{t-j}) = \frac{1}{\lambda_N} \sum_{i \in A_N} (\mu_{i1} - \mu_{i2})^2 \sigma_i^2 \to \sigma_{\bar{d}}^2 < \infty,$$

因此, 对任意给定的 N, $\{\psi'_t, t \geqslant 1\}$ 是一列记忆参数为 $\max_{1 \leqslant i \leqslant N} d_i$ 的长记忆时间序列. 故, 由泛函中心极限定理 (参考 Wang 等, 2003) 可知, 当 $N, T \to \infty$ 时,

$$
\begin{aligned}
\frac{1}{T^{0.5 + \max_{1 \leqslant i \leqslant N} d_i}} \sum_{t=1}^{\lfloor Tr \rfloor} \psi_t &= \frac{1}{T^{0.5 + \max_{1 \leqslant i \leqslant N} d_i}} \sum_{t=1}^{\lfloor Tr \rfloor} \psi'_t \cdot (1 + o_p(1)) \\
&\Rightarrow \sigma_{\bar{d}} \kappa(\bar{d}) B_{\bar{d}}(r), \quad 0 < r \leqslant 1.
\end{aligned}
$$

证毕.

定理 4.3 的证明: 与定理 4.2 的证明类似, 我们研究下述过程

$$\Lambda_T(s) = \lambda_N^{\frac{2 \max_{1 \leqslant i \leqslant N} d_i}{1 - 2 \max_{1 \leqslant i \leqslant N} d_i}} \left[S_{NT} \left(k^0 + \lfloor s \lambda_N^{-\frac{1}{1 - 2 \max_{1 \leqslant i \leqslant N} d_i}} \rfloor \right) - S_{NT}(k^0) \right],$$

其中, $|s| \leqslant M$, M 是一个任意大的正常数. 令

$$l = \lfloor s \lambda_N^{-\frac{1}{1 - 2 \max_{1 \leqslant i \leqslant N} d_i}} \rfloor, \quad \Psi_{NT}(l) = \lambda_N^{\frac{2 \max_{1 \leqslant i \leqslant N} d_i}{1 - 2 \max_{1 \leqslant i \leqslant N} d_i}} \left[S_{NT}(k^0 + l) - S_{NT}(k^0) \right],$$

则

$$\hat{l} = \arg\min_{l} \Psi_{NT}(l).$$

显然, 当 $M \to \infty$ 时, $P(\hat{l} = \hat{k} - k^0) \to 1$. 那么, 通过研究 $\Psi_{NT}(l)$ 可以获得 $\hat{k}$ 的极限分布. 为了节约空间, 我们只给出 $\lfloor -M\lambda_N^{-\frac{1}{1-2\max\limits_{1\leqslant i\leqslant N} d_i}} \rfloor \leqslant l < 0$ 情形的详细证明.

首先, 显然由假设 A3(iii) 可知, 当 $N, T \to \infty$ 时, $\lambda_N^{\frac{1}{1-2\max\limits_{1\leqslant i\leqslant N} d_i}} T \to \infty$, 即 $l = o(T)$. 写出 $\Psi_{NT}(l)$ 的详细表达式如下:

$$
\begin{aligned}
\Psi_{NT}(l) =\ & \lambda_N^{\frac{2\max\limits_{1\leqslant i\leqslant N} d_i}{1-2\max\limits_{1\leqslant i\leqslant N} d_i}} \frac{-l(T-k^0)}{T-k^0-l} \sum_{i=1}^{N}(\mu_{i2}-\mu_{i1})^2 \\
& -\lambda_N^{\frac{2\max\limits_{1\leqslant i\leqslant N} d_i}{1-2\max\limits_{1\leqslant i\leqslant N} d_i}} \sum_{i=1}^{N}\left[\frac{1}{k^0+l}\left(\sum_{t=1}^{k^0+l} x_{it}\right)^2 - \frac{1}{k^0}\left(\sum_{t=1}^{k^0} x_{it}\right)^2 \right] \\
& -\lambda_N^{\frac{2\max\limits_{1\leqslant i\leqslant N} d_i}{1-2\max\limits_{1\leqslant i\leqslant N} d_i}} \sum_{i=1}^{N}\left[\frac{1}{T-k^0-l}\left(\sum_{t=k^0+l+1}^{T} x_{it}\right)^2 - \frac{1}{T-k^0}\left(\sum_{t=k^0+1}^{T} x_{it}\right)^2 \right] \\
& +2\lambda_N^{\frac{2\max\limits_{1\leqslant i\leqslant N} d_i}{1-2\max\limits_{1\leqslant i\leqslant N} d_i}} \frac{T-k^0}{T-k^0-l} \sum_{i=1}^{N}\sum_{t=k^0+l+1}^{k^0}(\mu_{i1}-\mu_{i2})x_{it} \\
& -2\lambda_N^{\frac{2\max\limits_{1\leqslant i\leqslant N} d_i}{1-2\max\limits_{1\leqslant i\leqslant N} d_i}} \frac{-l}{T-k^0-l} \sum_{i=1}^{N}\sum_{t=k^0+1}^{T}(\mu_{i1}-\mu_{i2})x_{it}.
\end{aligned}
\tag{4.23}
$$

由引理 4.4 的证明可知, 式 (4.23) 的第一项和第四项是主项.

对于式 (4.23) 的第一项, 当 $N, T \to \infty$ 时, 有

$$
\begin{aligned}
& \lambda_N^{\frac{2\max\limits_{1\leqslant i\leqslant N} d_i}{1-2\max\limits_{1\leqslant i\leqslant N} d_i}} \frac{-l(T-k^0)}{T-k^0-l} \sum_{i=1}^{N}(\mu_{i2}-\mu_{i1})^2 \\
=\ & \lambda_N^{\frac{1}{1-2\max\limits_{1\leqslant i\leqslant N} d_i}} \frac{-l(T-k^0)}{T-k^0-l} \\
=\ & -\lambda_N^{\frac{1}{1-2\max\limits_{1\leqslant i\leqslant N} d_i}} \lfloor s\lambda_N^{-\frac{1}{1-2\max\limits_{1\leqslant i\leqslant N} d_i}} \rfloor \cdot (1+o(1)) \to -s.
\end{aligned}
$$

对于式 (4.23) 的第四项,

$$
2\lambda_N^{\frac{2\max\limits_{1\leqslant i\leqslant N} d_i}{1-2\max\limits_{1\leqslant i\leqslant N} d_i}} \frac{T-k^0}{T-k^0-l} \sum_{i=1}^{N}\sum_{t=k^0+l+1}^{k^0}(\mu_{i1}-\mu_{i2})x_{it} = 2\lambda_N^{\frac{1+2\max\limits_{1\leqslant i\leqslant N} d_i}{2\left(1-2\max\limits_{1\leqslant i\leqslant N} d_i\right)}} \sum_{t=k^0+l+1}^{k^0}\psi_t \cdot [1+o(1)].
$$

又因为

$$\sum_{t=k^0+l+1}^{k^0} \psi_t \overset{d}{=} \sum_{t=l}^{-1} \psi_t,$$

$$\lambda_N^{-\frac{1}{1-2\max_{1\leqslant i\leqslant N} d_i}} \to \infty, \quad \left(\lambda_N^{-\frac{1}{1-2\max_{1\leqslant i\leqslant N} d_i}}\right)^{0.5+\max_{1\leqslant i\leqslant N} d_i} = \lambda_N^{-\frac{1+2\max_{1\leqslant i\leqslant N} d_i}{2\left(1-2\max_{1\leqslant i\leqslant N} d_i\right)}},$$

运用引理 4.6可得, 当 $N, T \to \infty$ 时,

$$2\lambda_N^{\frac{2\max_{1\leqslant i\leqslant N} d_i}{1-2\max_{1\leqslant i\leqslant N} d_i}} \frac{T-k^0}{T-k^0-l} \sum_{i=1}^{N} \sum_{t=k^0+l+1}^{k^0} (\mu_{i1}-\mu_{i2})x_{it} \Rightarrow 2\sigma_{\overline{d}}\kappa(\overline{d})B_{\overline{d}}(s).$$

综上所述, 当 $N, T \to \infty$ 时,

$$\Lambda_T(s) = \Psi_{NT}(l) \Rightarrow -s + 2\sigma_{\overline{d}}\kappa(\overline{d})B_{\overline{d}}(s).$$

类似可证, 若 $0 < l \leqslant \lfloor M\lambda_N^{-\frac{1}{1-2\max_{1\leqslant i\leqslant N} d_i}} \rfloor$, 当 $N, T \to \infty$ 时,

$$\Lambda_T(s) = \Psi_{NT}(l) \Rightarrow s + 2\sigma_{\overline{d}}\kappa(\overline{d})B_{\overline{d}}(s).$$

注意到 $\Lambda_T(0) = 0$, 且 M 任意大. 定义

$$\Upsilon(s) = \begin{cases} -s + 2\sigma_{\overline{d}}\kappa(\overline{d})B_{\overline{d}}(s), & s < 0, \\ 0, & s = 0, \\ s + 2\sigma_{\overline{d}}\kappa(\overline{d})B_{\overline{d}}(s), & s > 0, \end{cases}$$

当 $N, T \to \infty$ 时,

$$\Lambda_T(s) \Rightarrow \Upsilon(s).$$

因此, 由 $\arg\max / \arg\min$ 函数的连续映照定理可知, 当 $N, T \to \infty$ 时,

$$\lambda_N^{1/\left(1-2\max_{1\leqslant i\leqslant N} d_i\right)}(\hat{k} - k^0) \overset{d}{\longrightarrow} \underset{-\infty < s < \infty}{\arg\min} \Upsilon(s).$$

4.4.2　第 4.1.2 节的证明

定义

$$\psi_t^{(1)} = \frac{1}{\sqrt{\lambda_N^*}} \sum_{i=1}^{N} (\mu_{i1} - \mu_{i2}) x_{it} \ \text{和} \ \psi_t^{(2)} = \frac{1}{\sqrt{\lambda_N^*}} \sum_{i=1}^{N} (\mu_{i2} - \mu_{i3}) x_{it}.$$

显然, $\psi_t^{(1)}$ 和 $\psi_t^{(2)}$ 有零均值和有限方差. 下属引理与引理 4.1 类似, 给出了 $\{\psi_t^{(1)}, t \geqslant 1\}$ 和 $\{\psi_t^{(2)}, t \geqslant 1\}$ 的加权部分和的极大值的上界.

引理 4.7　对于模型 (4.9), 若假设 C1 成立, 则对于每一个 $j = 1, 2$, 有

$$\sup_{1 \leqslant k \leqslant n} \frac{1}{\sqrt{k}} \left| \sum_{t=1}^{k} \psi_t^{(j)} \right| = O \left(n^{\max_{1 \leqslant k \leqslant N} d_i} \sqrt{\log n} \right),$$

$$\sup_{k \geqslant n} \frac{1}{k} \left| \sum_{t=1}^{k} \psi_t^{(j)} \right| = O_p \left(\frac{1}{n^{0.5 - \max_{1 \leqslant i \leqslant N} d_i}} \right).$$

证明: 证明思路与引理 4.1 的证明类似, 故此省略.

在证明模型 (4.9) 渐近性质之前, 我们先给出以下几个有用的表达式.

$$\begin{aligned}
S_{NT}(k) &= \frac{(k_1^0 - k)(T - k_1^0)}{T - k} \sum_{i=1}^{N} (\mu_{i1} - \mu_{i2})^2 \\
&+ \frac{2(k_1^0 - k)(T - k_2^0)}{T - k} \sum_{i=1}^{N} (\mu_{i1} - \mu_{i2})(\mu_{i2} - \mu_{i3}) \\
&+ \frac{(k_2^0 - k)(T - k_2^0)}{T - k} \sum_{i=1}^{N} (\mu_{i2} - \mu_{i3})^2 \\
&+ \sum_{i=1}^{N} \sum_{t=1}^{T} x_{it}^2 + R_{NT}^{(1)}(k), \quad k \in [1, k_1^0], \quad (4.24) \\
S_{NT}(k) &= \frac{k_1^0(k - k_1^0)}{k} \sum_{i=1}^{N} (\mu_{i1} - \mu_{i2})^2 \\
&+ \frac{(k_2^0 - k)(T - k_2^0)}{T - k} \sum_{i=1}^{N} (\mu_{i2} - \mu_{i3})^2 \\
&+ \sum_{i=1}^{N} \sum_{t=1}^{T} x_{it}^2 + R_{NT}^{(2)}(k), \quad k \in [k_1^0 + 1, k_2^0], \quad (4.25)
\end{aligned}$$

$$
\begin{aligned}
S_{NT}(k) \;=\;& \frac{k_1^0(k-k_1^0)}{k}\sum_{i=1}^{N}(\mu_{i1}-\mu_{i2})^2 + \frac{2k_1^0(k-k_2^0)}{k}\sum_{i=1}^{N}(\mu_{i1}-\mu_{i2})(\mu_{i2}-\mu_{i3}) \\
&+\frac{k_2^0(k-k_2^0)}{k}\sum_{i=1}^{N}(\mu_{i2}-\mu_{i3})^2 \\
&+\sum_{i=1}^{N}\sum_{t=1}^{T}x_{it}^2 + R_{NT}^{(3)}(k), \quad k\in[k_2^0+1,T],
\end{aligned} \tag{4.26}
$$

其中,

$$
\begin{aligned}
R_{NT}^{(1)}(k) \;=\;& 2\sum_{i=1}^{N}\sum_{t=k+1}^{k_1^0}\left[\frac{T-k_1^0}{T-k}(\mu_{i1}-\mu_{i2}) + \frac{T-k_2^0}{T-k}(\mu_{i2}-\mu_{i3})\right]x_{it} \\
&+2\sum_{i=1}^{N}\sum_{t=k_1^0+1}^{k_2^0}\left[-\frac{k_1^0-k}{T-k}(\mu_{i1}-\mu_{i2}) + \frac{T-k_2^0}{T-k}(\mu_{i2}-\mu_{i3})\right]x_{it} \\
&-2\sum_{i=1}^{N}\sum_{t=k_2^0+1}^{T}\left[\frac{k_1^0-k}{T-k}(\mu_{i1}-\mu_{i2}) + \frac{k_2^0-k}{T-k}(\mu_{i2}-\mu_{i3})\right]x_{it} \\
&-\sum_{i=1}^{N}\sum_{t=1}^{k}\left(\frac{1}{\sqrt{k}}x_{it}\right)^2 - \sum_{i=1}^{N}\sum_{t=k+1}^{T}\left(\frac{1}{\sqrt{T-k}}x_{it}\right)^2,
\end{aligned} \tag{4.27}
$$

$$
\begin{aligned}
R_{NT}^{(2)}(k) \;=\;& 2\sum_{i=1}^{N}\sum_{t=1}^{k_1^0}\left[\frac{k-k_1^0}{k}(\mu_{i1}-\mu_{i2})\right]x_{it} - 2\sum_{i=1}^{N}\sum_{t=k_1^0+1}^{k}\left[\frac{k_1^0}{k}(\mu_{i1}-\mu_{i2})\right]x_{it} \\
&+2\sum_{i=1}^{N}\sum_{t=k+1}^{k_2^0}\left[\frac{T-k_2^0}{T-k}(\mu_{i2}-\mu_{i3})\right]x_{it} - 2\sum_{i=1}^{N}\sum_{t=k_2^0+1}^{T}\left[\frac{k_2^0-k}{T-k}(\mu_{i2}-\mu_{i3})\right]x_{it} \\
&-\sum_{i=1}^{N}\sum_{t=1}^{k}\left(\frac{1}{\sqrt{k}}x_{it}\right)^2 - \sum_{i=1}^{N}\sum_{t=k+1}^{T}\left(\frac{1}{\sqrt{T-k}}x_{it}\right)^2,
\end{aligned} \tag{4.28}
$$

$$
\begin{aligned}
R_{NT}^{(3)}(k) \;=\;& 2\sum_{i=1}^{N}\sum_{t=1}^{k_1^0}\left[\frac{k-k_1^0}{k}(\mu_{i1}-\mu_{i2}) + \frac{k-k_2^0}{k}(\mu_{i2}-\mu_{i3})\right]x_{it} \\
&+2\sum_{i=1}^{N}\sum_{t=k_1^0+1}^{k_2^0}\left[-\frac{k_1^0}{k}(\mu_{i1}-\mu_{i2}) + \frac{k-k_2^0}{k}(\mu_{i2}-\mu_{i3})\right]x_{it} \\
&-2\sum_{i=1}^{N}\sum_{t=k_2^0+1}^{T}\left[\frac{k_1^0}{k}(\mu_{i1}-\mu_{i2}) + \frac{k_2^0}{k}(\mu_{i2}-\mu_{i3})\right]x_{it} \\
&-\sum_{i=1}^{N}\sum_{t=1}^{k}\left(\frac{1}{\sqrt{k}}x_{it}\right)^2 - \sum_{i=1}^{N}\sum_{t=k+1}^{T}\left(\frac{1}{\sqrt{T-k}}x_{it}\right)^2.
\end{aligned} \tag{4.29}
$$

通过一些计算可得:

$$S_{NT}(k) - S_{NT}(k_1^0)$$

$$= P_{NT}^{(1)}(k) + R_{NT}^{(1)}(k) - R_{NT}^{(1)}(k_1^0)$$

$$= P_{NT}^{(1)}(k) + 2\sum_{i=1}^{N}\sum_{t=k+1}^{k_1^0}\left[\frac{T-k_1^0}{T-k}(\mu_{i1}-\mu_{i2}) + \frac{T-k_2^0}{T-k}(\mu_{i2}-\mu_{i3})\right]x_{it}$$

$$-2\sum_{i=1}^{N}\sum_{t=k_1^0+1}^{T}\left[\frac{k_1^0-k}{T-k}(\mu_{i1}-\mu_{i2}) + \frac{(T-k_2^0)(k_1^0-k)}{(T-k)(T-k_1^0)}(\mu_{i2}-\mu_{i3})\right]x_{it}$$

$$-\sum_{i=1}^{N}\left[\left(\frac{1}{\sqrt{k}}\sum_{t=1}^{k}x_{it}\right)^2 - \left(\frac{1}{\sqrt{k_1^0}}\sum_{t=1}^{k_1^0}x_{it}\right)^2\right]$$

$$-\sum_{i=1}^{N}\left[\left(\frac{1}{\sqrt{T-k}}\sum_{t=k+1}^{T}x_{it}\right)^2 - \left(\frac{1}{\sqrt{T-k_1^0}}\sum_{t=k_1^0+1}^{T}x_{it}\right)^2\right], \quad k \in [1, k_1^0-1],$$

$$(4.30)$$

$$S_{NT}(k) - S_{NT}(k_1^0)$$

$$= P_{NT}^{(2)}(k) + R_{NT}^{(2)}(k) - R_{NT}^{(1)}(k_1^0)$$

$$= P_{NT}^{(2)}(k) - 2\sum_{i=1}^{N}\sum_{t=k_1^0+1}^{k}\left[\frac{k_1^0}{k}(\mu_{i1}-\mu_{i2}) + \frac{T-k_2^0}{T-k_1^0}(\mu_{i2}-\mu_{i3})\right]x_{it}$$

$$+2\sum_{i=1}^{N}\sum_{t=1}^{k_1^0}\left[\frac{k-k_1^0}{k}(\mu_{i1}-\mu_{i2})\right]x_{it}$$

$$+2\sum_{i=1}^{N}\sum_{t=k+1}^{T}\left[\frac{(k-k_1^0)(T-k_2^0)}{(T-k)(T-k_1^0)}(\mu_{i2}-\mu_{i3})\right]x_{it}$$

$$-\sum_{i=1}^{N}\left[\left(\frac{1}{\sqrt{k}}\sum_{t=1}^{k}x_{it}\right)^2 - \left(\frac{1}{\sqrt{k_1^0}}\sum_{t=1}^{k_1^0}x_{it}\right)^2\right]$$

$$-\sum_{i=1}^{N}\left[\left(\frac{1}{\sqrt{T-k}}\sum_{t=k+1}^{T}x_{it}\right)^2 - \left(\frac{1}{\sqrt{T-k_1^0}}\sum_{t=k_1^0+1}^{T}x_{it}\right)^2\right], \quad k \in [k_1^0+1, k_2^0],$$

$$(4.31)$$

$$S_{NT}(k) - S_{NT}(k_1^0)$$

$$= P_{NT}^{(3)}(k) + R_{NT}^{(3)}(k) - R_{NT}^{(1)}(k_1^0)$$

$$= P_{NT}^{(3)}(k) + 2\sum_{i=1}^{N}\sum_{t=1}^{k_1^0}\left[\frac{k-k_1^0}{k}(\mu_{i1}-\mu_{i2}) + \frac{k-k_2^0}{k}(\mu_{i2}-\mu_{i3})\right]x_{it}$$

$$+ 2\sum_{i=1}^{N}\sum_{t=k_1^0+1}^{T}\left[-\frac{k_1^0}{k}(\mu_{i1}-\mu_{i2}) + \frac{k_1^0(k_2^0-k)-k_2^0(T-k)}{k(T-k_1^0)}(\mu_{i2}-\mu_{i3})\right]x_{it}$$

$$- \sum_{i=1}^{N}\left[\left(\frac{1}{\sqrt{k}}\sum_{t=1}^{k}x_{it}\right)^2 - \left(\frac{1}{\sqrt{k_1^0}}\sum_{t=1}^{k_1^0}x_{it}\right)^2\right]$$

$$- \sum_{i=1}^{N}\left[\left(\frac{1}{\sqrt{T-k}}\sum_{t=k+1}^{T}x_{it}\right)^2 - \left(\frac{1}{\sqrt{T-k_1^0}}\sum_{t=k_1^0+1}^{T}x_{it}\right)^2\right], \quad k\in[k_2^0+1,T],$$

$$\tag{4.32}$$

其中,

$$P_{NT}^{(1)}(k) = \frac{(k_1^0-k)(T-k_1^0)}{T-k}\sum_{i=1}^{N}(\mu_{i1}-\mu_{i2})^2$$

$$+ \frac{2(k_1^0-k)(T-k_2^0)}{T-k}\sum_{i=1}^{N}(\mu_{i1}-\mu_{i2})(\mu_{i2}-\mu_{i3})$$

$$+ \frac{(k_2^0-k)(T-k_2^0)}{T-k}\sum_{i=1}^{N}(\mu_{i2}-\mu_{i3})^2 - \frac{(k_2^0-k_1^0)(T-k_2^0)}{T-k_1^0}\sum_{i=1}^{N}(\mu_{i2}-\mu_{i3})^2$$

$$= |k-k_1^0|\sum_{i=1}^{N}\left[\sqrt{\frac{T-k_1^0}{T-k}}(\mu_{i1}-\mu_{i2}) + \sqrt{\frac{(T-k_2^0)^2}{(T-k_1^0)(T-k)}}(\mu_{i2}-\mu_{i3})\right]^2,$$

$$\tag{4.33}$$

$$P_{NT}^{(2)}(k) = \frac{k_1^0(k-k_1^0)}{k}\sum_{i=1}^{N}(\mu_{i1}-\mu_{i2})^2 + \frac{(k_2^0-k)(T-k_2^0)}{T-k}\sum_{i=1}^{N}(\mu_{i2}-\mu_{i3})^2$$

$$- \frac{(k_2^0-k_1^0)(T-k_2^0)}{T-k_1^0}\sum_{i=1}^{N}(\mu_{i2}-\mu_{i3})^2$$

$$= |k-k_1^0|\sum_{i=1}^{N}\left[\frac{k_1^0}{k}(\mu_{i1}-\mu_{i2})^2 - \frac{(T-k_2^0)^2}{(T-k)(T-k_1^0)}(\mu_{i2}-\mu_{i3})^2\right], \quad (4.34)$$

$$
\begin{aligned}
P_{NT}^{(3)}(k) &= \frac{k_1^0(k-k_1^0)}{k}\sum_{i=1}^{N}(\mu_{i1}-\mu_{i2})^2 \\
&\quad +\frac{2k_1^0(k-k_2^0)}{k}\sum_{i=1}^{N}(\mu_{i1}-\mu_{i2})(\mu_{i2}-\mu_{i3}) \\
&\quad +\frac{k_2^0(k-k_2^0)}{k}\sum_{i=1}^{N}(\mu_{i2}-\mu_{i3})^2 -\frac{(k_2^0-k_1^0)(T-k_2^0)}{T-k_1^0}\sum_{i=1}^{N}(\mu_{i2}-\mu_{i3})^2 \\
&= |k-k_1^0|\sum_{i=1}^{N}\left[\frac{k_1^0}{k}(\mu_{i1}-\mu_{i2})^2+\frac{2k_1^0(k-k_2^0)}{k(k-k_1^0)}(\mu_{i1}-\mu_{i2})(\mu_{i2}-\mu_{i3})\right.\\
&\quad \left. +\left(\frac{k_2^0(k-k_2^0)}{k(k-k_1^0)}-\frac{(T-k_2^0)(k_2^0-k_1^0)}{(T-k_1^0)(k-k_1^0)}\right)(\mu_{i2}-\mu_{i3})^2\right].
\end{aligned}
\tag{4.35}
$$

下面我们将证明, 存在一个正常数 c, 使得对于每一个 $j=1,2,3$, 当 N 足够大时, 对所有的 k 一致有 $P_{NT}^{(j)}(k)\geqslant c|k-k_1^0|\lambda_N^*$.

引理 4.8　对于模型 (4.9), 若假设 C1, D1~D3 都成立, 则无论 T 是否有界, 当 N 足够大时, 对所有的 k 一致有

$$
P_{NT}^{(j)}(k)\geqslant c|k-k_1^0|\lambda_N^*,\quad j=1,2,3,
$$

其中, c 是一个依赖于 $\tau_j^0\ (j=1,2)$ 和 $\rho_{jl}\ (j,l=1,2)$ 的正常数.

证明　当 $k\in[1,k_1^0]$ 且 N 足够大时, 由假设 D2 可得:

$$
\begin{aligned}
P_{NT}^{(1)}(k) &= |k-k_1^0|\sum_{i=1}^{N}\left[\sqrt{\frac{T-k_1^0}{T-k}}(\mu_{i1}-\mu_{i2})+\sqrt{\frac{(T-k_2^0)^2}{(T-k_1^0)(T-k)}}(\mu_{i2}-\mu_{i3})\right]^2 \\
&= |k-k_1^0|\frac{T-k_1^0}{T-k}\sum_{i=1}^{N}\left[(\mu_{i1}-\mu_{i2})+\frac{T-k_2^0}{T-k_1^0}(\mu_{i2}-\mu_{i3})\right]^2 \\
&\geqslant |k-k_1^0|(1-\tau_1^0)\sum_{i=1}^{N}\left[(\mu_{i1}-\mu_{i2})+\frac{1-\tau_2^0}{1-\tau_1^0}(\mu_{i2}-\mu_{i3})\right]^2 \\
&= |k-k_1^0|\lambda_N^*\cdot\frac{1}{1-\tau_1^0}\sum_{p=1}^{2}\sum_{q=1}^{2}(1-\tau_p^0)(1-\tau_q^0)\rho_N^{(pq)} \\
&\geqslant c_1|k-k_1^0|\lambda_N^*,
\end{aligned}
$$

其中,

$$
c_1=\frac{1}{2(1-\tau_1^0)}\sum_{p=1}^{2}\sum_{q=1}^{2}(1-\tau_p^0)(1-\tau_q^0)\rho_{pq}>0.
$$

当 $k \in [k_1^0 + 1, k_2^0]$ 且 N 足够大时,

$$
\begin{aligned}
P_{NT}^{(2)}(k) &= |k - k_1^0| \sum_{i=1}^{N} \left[\frac{k_1^0}{k} (\mu_{i1} - \mu_{i2})^2 - \frac{(T - k_2^0)^2}{(T - k)(T - k_1^0)} (\mu_{i2} - \mu_{i3})^2 \right] \\
&\geqslant |k - k_1^0| \sum_{i=1}^{N} \left[\frac{\tau_1^0}{\tau_2^0} (\mu_{i1} - \mu_{i2})^2 - \frac{1 - \tau_2^0}{1 - \tau_1^0} (\mu_{i2} - \mu_{i3})^2 \right] \\
&= |k - k_1^0| \lambda_N^* \cdot \left(\frac{\tau_1^0}{\tau_2^0} \rho_N^{(11)} - \frac{1 - \tau_2^0}{1 - \tau_1^0} \rho_N^{(22)} \right) \\
&\geqslant c_2 |k - k_1^0| \lambda_N^*,
\end{aligned}
$$

其中, 由式 (4.10) 可得

$$
c_2 = \frac{1}{2} \left(\frac{\tau_1^0}{\tau_2^0} \rho_{11} - \frac{1 - \tau_2^0}{1 - \tau_1^0} \rho_{22} \right) > 0.
$$

当 $k \in [k_2^0 + 1, T]$ 且 N 足够大时, 注意到

$$
\frac{k - k_2^0}{k k_2^0 (k - k_1^0)} = \frac{(k - k_1^0) - (k_2^0 - k_1^0)}{k k_2^0 (k - k_1^0)} \geqslant \frac{1}{T k_2^0} - \frac{1}{(k_2^0)^2},
$$

其中, 由式 (4.10) 可知, 当 N 足够大时,

$$
\frac{k_1^0}{k_2^0} \sum_{i=1}^{N} (\mu_{i1} - \mu_{i2})^2 > \frac{T - k_2^0}{T - k_1^0} \sum_{i=1}^{N} (\mu_{i2} - \mu_{i3})^2.
$$

从而, 当 N 足够大时,

$$
\begin{aligned}
P_{NT}^{(3)}(k) &= |k - k_1^0| \sum_{i=1}^{N} \left\{ \frac{k_1^0}{k} (\mu_{i1} - \mu_{i2})^2 + \frac{2 k_1^0 (k - k_2^0)}{k(k - k_1^0)} (\mu_{i1} - \mu_{i2})(\mu_{i2} - \mu_{i3}) \right. \\
&\quad + \left. \left[\frac{k_2^0 (k - k_2^0)}{k(k - k_1^0)} - \frac{(T - k_2^0)(k_2^0 - k_1^0)}{(T - k_1^0)(k - k_1^0)} \right] (\mu_{i2} - \mu_{i3})^2 \right\} \\
&> |k - k_1^0| \sum_{i=1}^{N} \left\{ \left[\frac{k_1^0}{k} - \frac{k_1^0 (k_2^0 - k_1^0)}{k_2^0 (k - k_1^0)} \right] (\mu_{i1} - \mu_{i2})^2 \right. \\
&\quad + \frac{2 k_1^0 (k - k_2^0)}{k(k - k_1^0)} (\mu_{i1} - \mu_{i2})(\mu_{i2} - \mu_{i3}) \\
&\quad + \left. \frac{k_2^0 (k - k_2^0)}{k(k - k_1^0)} (\mu_{i2} - \mu_{i3})^2 \right\} \\
&= |k - k_1^0| \cdot \frac{k - k_2^0}{k k_2^0 (k - k_1^0)} \sum_{i=1}^{N} [k_1^0 (\mu_{i1} - \mu_{i2}) + k_2^0 (\mu_{i2} - \mu_{i3})]^2 \\
&= |k - k_1^0| \lambda_N^* \cdot \frac{k - k_2^0}{k k_2^0 (k - k_1^0)} \sum_{p=1}^{2} \sum_{q=1}^{2} k_p^0 k_q^0 \rho_N^{(pq)} \\
&= |k - k_1^0| \lambda_N^* \cdot \frac{T^2 (k - k_2^0)}{k k_2^0 (k - k_1^0)} \sum_{p=1}^{2} \sum_{q=1}^{2} \tau_p^0 \tau_q^0 \rho_N^{(pq)} \\
&\geqslant c_3 |k - k_1^0| \lambda_N^*,
\end{aligned}
$$

其中,

$$c_3 = \frac{1}{2\tau_2^0}\left(1 - \frac{1}{\tau_2^0}\right)\sum_{p=1}^{2}\sum_{q=1}^{2}\tau_p^0\tau_q^0\rho_{pq} > 0.$$

令 $c = \min\{c_1, c_2, c_3\}$, 显然对于每个 $j = 1, 2, 3$, 当 N 足够大时, 对所有的 k 一致有 $P_{NT}^{(j)}(k) \geqslant c|k - k_1^0|\lambda_N^*$.

证毕.

引理 4.9 对于模型 (4.9), 在假设 C1, D1~D3 和 D4(i) 下, 当 $N \to \infty$ 时,

$$P\left(\min_{k \neq k_1^0} S_{NT}(k) - S_{NT}(k_1^0) \leqslant 0\right) \to 0.$$

证明 只需证明当 $N \to \infty$ 时,

$$P\left(\min_{1 \leqslant k \leqslant k_1^0 - 1} S_{NT}(k) - S_{NT}(k_1^0) > 0\right) \to 1, \tag{4.36}$$

$$P\left(\min_{k_1^0 + 1 \leqslant k \leqslant k_2^0} S_{NT}(k) - S_{NT}(k_1^0) > 0\right) \to 1 \tag{4.37}$$

和

$$P\left(\min_{k_2^0 + 1 \leqslant k < T} S_{NT}(k) - S_{NT}(k_1^0) > 0\right) \to 1. \tag{4.38}$$

注意到式 (4.30)~ 式 (4.32) 分别提供了 $k \in [1, k_1^0)$, $k \in [k_1^0 + 1, k_2^0]$ 和 $k \in [k_2^0 + 1, T]$ 情形下 $S_{NT}(k) - S_{NT}(k_1^0)$ 的表达式.

首先证明式 (4.36). 对于式 (4.30) 等号右端的第一项, 由引理 4.8可知, 当 N 足够大时, 存在 $c > 0$, 对于 $k \in [1, k_1^0 - 1]$ 一致有 $P_{NT}^{(1)}(k) \geqslant c|k - k_1^0|\lambda_N^*$. 接着我们将证明, 当 $k \in [1, k_1^0 - 1]$ 时, 式 (4.30) 右端其余项都受 $P_{NT}^{(1)}(k)$ 控制. 从而, 当 $k \in [1, k_1^0 - 1]$ 且 $N \to \infty$ 时, 由 $P_{NT}^{(1)}(k) \geqslant c|k - k_1^0|\lambda_N^* \geqslant c\lambda_N^* \to \infty$ 即可证明式 (4.36).

对于式 (4.30) 等号右端的第二项, 由引理 4.7可知

$$\sup_{1 \leqslant k < k_1^0} \frac{1}{k_1^0 - k}\left|\sum_{t=k+1}^{k_1^0} \psi_t^{(1)}\right| = O_p(1),$$

$$\sup_{1 \leqslant k < k_1^0} \frac{1}{k_1^0 - k}\left|\sum_{t=k+1}^{k_1^0} \psi_t^{(2)}\right| = O_p(1).$$

当 $N \to \infty$ 时, $|(T-k_1^0)/(T-k)| < 1$, $|(T-k_2^0)/(T-k)| < 1$ 和 $\lambda_N^* \to \infty$, 因此,

$$2 \sup_{1 \leqslant k < k_1^0} \frac{1}{\lambda_N^*(k_1^0 - k)} \left| \sum_{i=1}^{N} \sum_{t=k+1}^{k_1^0} \left[\frac{T-k_1^0}{T-k}(\mu_{i1} - \mu_{i2}) + \frac{T-k_2^0}{T-k}(\mu_{i2} - \mu_{i3}) \right] x_{it} \right|$$

$$= 2 \sup_{1 \leqslant k < k_1^0} \frac{1}{\sqrt{\lambda_N^*}(k_1^0 - k)} \left| \frac{T-k_1^0}{T-k} \sum_{t=k+1}^{k_1^0} \psi_t^{(1)} + \frac{T-k_2^0}{T-k} \sum_{t=k+1}^{k_1^0} \psi_t^{(2)} \right|$$

$$\leqslant \frac{2}{\sqrt{\lambda_N^*}} \sup_{1 \leqslant k < k_1^0} \frac{1}{k_1^0 - k} \left| \sum_{t=k+1}^{k_1^0} \psi_t^{(1)} \right| + \frac{2}{\sqrt{\lambda_N^*}} \sup_{1 \leqslant k < k_1^0} \frac{1}{k_1^0 - k} \left| \sum_{t=k+1}^{k_1^0} \psi_t^{(2)} \right|$$

$$= O_p\left(\frac{1}{\sqrt{\lambda_N^*}} \right) = o_p(1),$$

表明当 $k \in [1, k_1^0 - 1]$ 时, 式 (4.30) 等号右端的第二项被 $P_{NT}^{(1)}(k)$ 一致控制.

对于式 (4.30) 等号右端的第三项, 当 $k \in [1, k_1^0 - 1]$ 时, $|(k_1^0 - k)/(T-k)| < 1$, 因此

$$2 \sup_{1 \leqslant k < k_1^0} \frac{1}{\lambda_N^*(k_1^0 - k)} \left| \sum_{i=1}^{N} \sum_{t=k_1^0+1}^{T} \left[\frac{k_1^0 - k}{T-k}(\mu_{i1} - \mu_{i2}) + \frac{(T-k_2^0)(k_1^0 - k)}{(T-k)(T-k_1^0)}(\mu_{i2} - \mu_{i3}) \right] x_{it} \right|$$

$$\leqslant \frac{C}{\lambda_N^* T} \left| \sum_{i=1}^{N} \sum_{t=k_1^0+1}^{T} \left[(\mu_{i1} - \mu_{i2}) + \frac{T-k_2^0}{T-k_1^0}(\mu_{i2} - \mu_{i3}) \right] x_{it} \right|$$

$$\leqslant O_p\left(\frac{\sqrt{\lambda_N^* T^{1+2\max_{1 \leqslant i \leqslant N} d_i}}}{\lambda_N^* T} \right) = o_p(1), \tag{4.39}$$

表明当 $k \in [1, k_1^0 - 1]$ 时, 式 (4.30) 等号右端的第三项被 $P_{NT}^{(1)}(k)$ 一致控制.

对于式 (4.30) 等号右端最后两项, 在引理 4.2 的证明中已说明当 $k \in [1, k_1^0 - 1]$ 时, 此两项受 $(k_1^0 - k)\lambda_N$ 一致控制, 故由 $\lambda_N \asymp \lambda_N^*$ 可知, 此两项也受 $(k_1^0 - k)\lambda_N^*$ 一致控制.

同理可证明式 (4.37) 和式 (4.38).

证毕.

引理 4.10 对于模型 (4.9), 在假设 C1, D1~D3 和 D4(ii) 下, 存在一个正的常数 $M < \infty$, 使得当 $N, T \to \infty$ 时, 有

$$P\left(\min_{|k - k_1^0| > M} S_{NT}(k) - S_{NT}(k_1^0) \leqslant 0 \right) \to 0.$$

证明 与引理 4.9 的证明类似, 只需要证明当 $N, T \to \infty$ 时,

$$P\left(\min_{1 \leqslant k < k_1^0 - M} S_{NT}(k) - S_{NT}(k_1^0) > 0 \right) \to 1.$$

为此, 我们将证明对于 $k \in [1, k_1^0 - M)$, 存在一个正的常数 C, 使得 $S_{NT}(k) - S_{NT}(k_1^0) > C$ 依概率趋于 1 一致成立.

式 (4.30) 给出了当 $k \in [1, k_1^0 - 1)$ 时 $S_{NT}(k) - S_{NT}(k_1^0)$ 的表达式. 对于式 (4.30) 等号右端第一项, 由引理 4.3 可知, 当 N 足够大时, 对于 $k \in [1, k_1^0 - M)$, $P_{NT}^{(1)}(k) \geqslant c|k - k_1^0|\lambda_N^* > cM\lambda_N^* > cM\lambda^*/2$ 一致成立, 其中, $c > 0$, $\lambda^* > 0$. 因此, 只需证明对于 $k \in [1, k_1^0 - M)$, 式 (4.30) 右端其他项都能被 $P_{NT}^{(1)}(k)$ 一致成立.

对于式 (4.30) 等号右端第二项, 由引理 4.7 可知,

$$\sup_{1 \leqslant k < k_1^0 - M} \frac{1}{k_1^0 - k} \left| \sum_{t=k+1}^{k_1^0} \psi_t^{(j)} \right| = O_p \left(\frac{1}{M^{0.5 - \max\limits_{1 \leqslant i \leqslant N} d_i}} \right), \quad j = 1, 2.$$

因此

$$2 \sup_{1 \leqslant k < k_1^0 - M} \frac{1}{\lambda_N^*(k_1^0 - k)} \left| \sum_{i=1}^N \sum_{t=k+1}^{k_1^0} \left[\frac{T - k_1^0}{T - k}(\mu_{i1} - \mu_{i2}) + \frac{T - k_2^0}{T - k}(\mu_{i2} - \mu_{i3}) \right] x_{it} \right|$$

$$\leqslant \frac{2}{\sqrt{\lambda_N^*}} \sup_{1 \leqslant k < k_1^0 - M} \frac{1}{k_1^0 - k} \left| \sum_{t=k+1}^{k_1^0} \psi_t^{(1)} \right| + \frac{2}{\sqrt{\lambda_N^*}} \sup_{1 \leqslant k < k_1^0 - M} \frac{1}{k_1^0 - k} \left| \sum_{t=k+1}^{k_1^0} \psi_t^{(2)} \right|$$

$$= O_p \left(\frac{1}{M^{0.5 - \max\limits_{1 \leqslant i \leqslant N} d_i}} \right) \leqslant O_p \left(\frac{1}{M^{0.5 - \bar{d}}} \right).$$

因此, 当 M 足够大时, 式 (4.30) 等号右端第二项受第一项控制.

对于式 (4.30) 等号右端第三项, 由

$$2 \sup_{1 \leqslant k < k_1^0 - M} \frac{1}{\lambda_N^*(k_1^0 - k)} \left| \sum_{i=1}^N \sum_{t=k_1^0+1}^{T} \left[\frac{k_1^0 - k}{T - k}(\mu_{i1} - \mu_{i2}) + \frac{(T - k_2^0)(k_1^0 - k)}{(T - k)(T - k_1^0)}(\mu_{i2} - \mu_{i3}) \right] x_{it} \right.$$

$$\leqslant O_p \left(\frac{\sqrt{\lambda_N^* T^{1 + 2 \max\limits_{1 \leqslant i \leqslant N} d_i}}}{\lambda_N^* T} \right) \leqslant O_p \left(\frac{1}{T^{0.5 - \bar{d}}} \right) = O_p(1),$$

可知式 (4.30) 等号右端第三项受第一项控制.

由引理 4.3 的证明可知, 式 (4.30) 等号右端最后两项被 $(k_1^0 - k)\lambda_N^*$ 一直控制, 又由于 $\lambda_N \asymp \lambda_N^*$, 故式 (4.30) 右端最后两项受第一项控制.

证毕.

引理 4.11　对模型 (4.9), 在假设 C1, D1~D3 和 D4(iii) 下, 存在一个正的常数 $M < \infty$, 使得

当 $N, T \to \infty$ 时,

$$P\left(\min_{|k-k_1^0|>M\lambda_N^{*\,-1/(1-2\max\limits_{1\leqslant i\leqslant N}d_i)}} S_{NT}(k) - S_{NT}(k_1^0) \leq 0\right) \to 0.$$

证明 与引理 4.9 和 4.10 的证明类似, 只需证明当 $N, T \to \infty$ 时,

$$P\left(\min_{1\leqslant k<k_1^0-M\lambda_N^{*\,-1/(1-2\max\limits_{1\leqslant i\leqslant N}d_i)}} S_{NT}(k) - S_{NT}(k_1^0) > 0\right) \to 1.$$

对于式 (4.30) 等号右端第一项, 由引理 4.8 可知,

$$
\begin{aligned}
P_{NT}^{(1)}(k) \geqslant c|k-k_1^0|\lambda_N^* &> cM\lambda_N^{*\,-1/(1-2\max\limits_{1\leqslant i\leqslant N}d_i)}\lambda_N^* \\
&= cM\lambda_N^{*\,-2\max\limits_{1\leqslant i\leqslant N}d_i/(1-2\max\limits_{1\leqslant i\leqslant N}d_i)} \\
&\geqslant cM\lambda_N^{*\,-2\overline{d}/(1-2\overline{d})},
\end{aligned}
$$

对于 $k \in [1, k_1^0-M\lambda_N^{*\,-1/(1-2\max\limits_{1\leqslant i\leqslant N}d_i)})$, 当 $N \to \infty$ 时, 若 $\underline{d} > 0$, 上式趋于无穷; 若 $\underline{d} = 0$, 上式等于 cM. 因此, 只需证明对于 $k \in [1, k_1^0-M\lambda_N^{*\,-1/(1-2\max\limits_{1\leqslant i\leqslant N}d_i)})$, 式 (4.30) 等号右端其他项都能被 $P_{NT}^{(1)}(k)$ 一致成立.

对于式 (4.30) 等号右端第二项, 由引理 4.7 可知,

$$\sup_{1\leqslant k<k_1^0-M\lambda_N^{*\,-1/(1-2\max\limits_{1\leqslant i\leqslant N}d_i)}} \frac{1}{k_1^0-k}\left|\sum_{t=k+1}^{k_1^0}\psi_t^{(j)}\right| = O_p\left(\frac{\sqrt{\lambda_N^*}}{M^{0.5-\max\limits_{1\leqslant i\leqslant N}d_i}}\right), \quad j=1,2.$$

那么,

$$
\begin{aligned}
2\sup_{1\leqslant k<k_1^0-M\lambda_N^{*\,-1/(1-2\max\limits_{1\leqslant i\leqslant N}d_i)}} &\frac{1}{\lambda_N^*(k_1^0-k)}\left|\sum_{i=1}^N\sum_{t=k+1}^{k_1^0}\left[\frac{T-k_1^0}{T-k}(\mu_{i1}-\mu_{i2})\right.\right. \\
&\left.\left. +\frac{T-k_2^0}{T-k}(\mu_{i2}-\mu_{i3})\right]x_{it}\right| \\
\leqslant \frac{2}{\sqrt{\lambda_N^*}}\sup_{1\leqslant k<k_1^0-M\lambda_N^{*\,-1/(1-2\max\limits_{1\leqslant i\leqslant N}d_i)}} &\frac{1}{k_1^0-k}\left[\left|\sum_{t=k+1}^{k_1^0}\psi_t^{(1)}\right|+\left|\sum_{t=k+1}^{k_1^0}\psi_t^{(2)}\right|\right] \\
= O_p\left(\frac{1}{M^{0.5-\max\limits_{1\leqslant i\leqslant N}d_i}}\right) &\leqslant O_p\left(\frac{1}{M^{0.5-\overline{d}}}\right).
\end{aligned}
$$

因此, 当 M 足够大时, 式 (4.30) 右端第二项受第一项控制.

对于式 (4.30) 等号右端第三项, 由假设 D4(iii) 可知,

$$
2 \sup_{1 \leqslant k < k_1^0 - M\lambda_N^{*-1/(1-2\max_{1\leqslant i\leqslant N} d_i)}} \frac{1}{\lambda_N^*(k_1^0 - k)}
$$

$$
\cdot \left| \sum_{i=1}^{N} \sum_{t=k_1^0+1}^{T} \left[\frac{k_1^0 - k}{T - k}(\mu_{i1} - \mu_{i2}) + \frac{(T - k_2^0)(k_1^0 - k)}{(T - k)(T - k_1^0)}(\mu_{i2} - \mu_{i3}) \right] x_{it} \right|
$$

$$
\leqslant O_p\left(\frac{\sqrt{\lambda_N^* T^{1+2\max_{1\leqslant i\leqslant N} d_i}}}{\lambda_N^* T} \right) = O_p\left(\frac{1}{\sqrt{\lambda_N^*} T^{0.5-\max_{1\leqslant i\leqslant N} d_i}} \right) \leqslant O_p\left(\frac{1}{N} \right) = O_p(1).
$$

因此, 式 (4.30) 等号右端第三项受第一项控制.

由引理 4.4 的证明可知式 (4.30) 等号右端最后两项受 $(k_1^0 - k)\lambda_N^*$ 控制, 又由假设 $\lambda_N \asymp \lambda_N^*$ 可知, 式 (4.30) 等号右端最后两项受第一项控制.

定理 4.4 的证明: 定理 4.4 中关于 $\hat{k}_1$ 的结论可由引理 4.9~4.11 直接可得; 注意到 $\hat{k}_2$ 是在子样本区间 $[\hat{k}_1 + 1, T]$ 中被估计的, 而 $\hat{k}_1$ 趋近于 k_1^0, 故关于 $\hat{k}_2$ 的结论也可类似推导.

下面证明定理 4.5. 记

$$
\widetilde{\Psi}_n = (\widetilde{\Psi}_{n,1}^{\mathrm{T}}, \ \widetilde{\Psi}_{n,2}^{\mathrm{T}})^{\mathrm{T}}, \quad \widetilde{\Psi}_{n,1} = (\chi_{-n}, \chi_{-(n-1)}, \chi_{-1})^{\mathrm{T}}, \quad \widetilde{\Psi}_{n,2} = (\chi_1, \cdots, \chi_{n-1}, \chi_n)^{\mathrm{T}},
$$

其中,

$$
\chi_t = \frac{1}{\sqrt{\theta_1 \lambda_N^*}} \sum_{i=1}^{N} \left[\frac{T - k_1^0}{T - k_1^0 - l}(\mu_{i1} - \mu_{i2}) + \frac{T - k_2^0}{T - k_1^0 - l}(\mu_{i2} - \mu_{i3}) \right] x_{it}, \tag{4.40}
$$

θ_1 的定义见式 (4.11), n 是一个任意给定的正整数, l 是一个满足 $l = o(T)$ 的整数.

引理 4.12　对于模型 (4.9), 在假设 C1, D1~D3, D4(ii) 和 D5 下, 则当 $N, T \to \infty$ 时,

$$
\widetilde{\Psi}_n \xrightarrow{d} N(\mathbf{0}_{2n}, \boldsymbol{\Sigma}_{2n}),
$$

其中, $\mathbf{0}_{2n}$ 是一个 $2n \times 1$ 的零向量, $\boldsymbol{\Sigma}_{2n}$ 的定义见式 (4.5).

证明　与引理 4.5 的证明类似, 只需证明对任意 $2n \times 1$ 非零向量 $\boldsymbol{a} = (a_{-n}, \cdots, a_{-1}, a_1, \cdots, a_n)^{\mathrm{T}}$, 当 $N, T \to \infty$ 时, 有

$$
\boldsymbol{a}^{\mathrm{T}} \widetilde{\Psi}_n \xrightarrow{d} N(0, \boldsymbol{a}^{\mathrm{T}} \boldsymbol{\Sigma}_{2n} \boldsymbol{a}).
$$

注意到

$$\boldsymbol{a}^{\mathrm{T}}\widetilde{\Psi}_n = \sum_{j=-n;j\neq 0}^{n} a_j \chi_j$$

$$= \frac{1}{\sqrt{\theta_1 \lambda_N^*}} \sum_{i=1}^{N} \left[\frac{T-k_1^0}{T-k_1^0-l}(\mu_{i1}-\mu_{i2}) + \frac{T-k_2^0}{T-k_1^0-l}(\mu_{i2}-\mu_{i3}) \right] \left(\sum_{j=-n;j\neq 0}^{n} a_j x_{ij} \right),$$

则其可被视为下述独立随机变量的部分和:

$$\widetilde{\xi}_i := \frac{1}{\sqrt{\theta_1 \lambda_N^*}} \left[\frac{T-k_1^0}{T-k_1^0-l}(\mu_{i1}-\mu_{i2}) + \frac{T-k_2^0}{T-k_1^0-l}(\mu_{i2}-\mu_{i3}) \right] \left(\sum_{j=-n;j\neq 0}^{n} a_j x_{ij} \right), \ i=1 \geqslant 1.$$

显然, $E(\boldsymbol{a}^{\mathrm{T}}\widetilde{\Psi}_n)=0$,

$$\mathrm{Var}(\boldsymbol{a}^{\mathrm{T}}\widetilde{\Psi}_n)$$

$$= \frac{1}{\theta_1 \lambda_N^*} \sum_{i=1}^{N} \left[\frac{T-k_1^0}{T-k_1^0-l}(\mu_{i1}-\mu_{i2}) + \frac{T-k_2^0}{T-k_1^0-l}(\mu_{i2}-\mu_{i3}) \right]^2 E\left(\sum_{j=-n;j\neq 0}^{n} a_j x_{ij} \right)$$

$$= \sum_{j,k=-n;j,k\neq 0}^{n} a_j a_k \frac{1}{\theta_1 \lambda_N^*} \sum_{i=1}^{N} \left[\frac{T-k_1^0}{T-k_1^0-l}(\mu_{i1}-\mu_{i2}) + \frac{T-k_2^0}{T-k_1^0-l}(\mu_{i2}-\mu_{i3}) \right]^2 \gamma_i(k-j).$$

由假设 D2 和 D5 可知, 当 $N,T \to \infty$ 时,

$$\mathrm{Var}(\boldsymbol{a}^{\mathrm{T}}\widetilde{\Psi}_n) \to \sum_{j,k=-n;j,k\neq 0}^{n} a_j a_k \gamma(k-j) = \boldsymbol{a}^{\mathrm{T}}\boldsymbol{\Sigma}_{2n}\boldsymbol{a}.$$

因此, 只需验证下述林德伯格条件即可:

$$\sum_{i=1}^{N} E(\widetilde{\xi}_i^2 I\{|\widetilde{\xi}_i| > \eta\}) \to 0 \text{ as } N,T \to \infty, \ \forall \eta > 0.$$

由于 $|\mu_{i,j+1}-\mu_{ij}|$'s $(j=1,2)$ 的一致上界是 $c_0/\sqrt{N}$, 则对任意大的 T 有

$$\left| \frac{T-k_1^0}{T-k_1^0-l}(\mu_{i1}-\mu_{i2}) + \frac{T-k_2^0}{T-k_1^0-l}(\mu_{i2}-\mu_{i3}) \right| \leqslant 3c_0/\sqrt{N}.$$

又, 由于 $\lim_{N\to\infty} \lambda_N^* = \lambda^*$, 且由引理 4.5可得 $\left(\sum_{j=-n;j\neq 0}^{n} a_j x_{ij} \right)^2$ 的一致可积性, 则当 $N,T \to \infty$ 时,

$$\sum_{i=1}^{N} E(\widetilde{\xi}_i^2 I\{|\widetilde{\xi}_i| > \eta\})$$

$$\leqslant \frac{9c_0^2}{N\lambda_N^*} \sum_{i=1}^{N} E\left(\sum_{j=-n;j\neq 0}^{n} a_j x_{ij} \right)^2 I\left\{ \left| \sum_{j=-n;j\neq 0}^{n} a_j x_{ij} \right| > \eta\sqrt{N\theta_1\lambda_N^*}/(3c_0) \right\}$$

$$\leqslant \frac{9c_0^2}{\lambda_N^*} \max_{1\leqslant i\leqslant N} E\left(\sum_{j=-n;j\neq 0}^{n} a_j x_{ij} \right)^2 I\left\{ \left| \sum_{j=-n;j\neq 0}^{n} a_j x_{ij} \right| > \eta\sqrt{N\theta_1\lambda_N^*}/(3c_0) \right\} \to 0.$$

证毕.

定理 4.5的证明：记

$$\Delta_{NT}^{(1)}(l) = S_{NT}(k_1^0 + l) - S_{NT}(k_1^0), \quad \hat{l} = \arg\min_l \Delta_{NT}^{(1)},$$

其中, l 是满足 $l \in [-M, M]$ 的整数, M 是任意大的正整数. 显然, 当 $M \to \infty$ 时, $\hat{l} = \hat{k}_1 - k_1^0$. 因此, 只需研究 $\Delta_{NT}^{(1)}(l)$ 的渐近性质即可.

对于 $-M \leqslant l < 0$, 将 $k = k_1^0 + l$ 代入式 (4.30) 可得 $\Delta_{NT}^{(1)}(l)$ 的表达式. 由引理 4.10 的证明可知, 式 (4.30) 等号右端前两项的阶为 $O_p(1)$, 其他项的阶为 $o_p(1)$. 因此, 只需研究下式的渐近性质：

$$P_{NT}^{(1)}(k_1^0 + l) + 2 \sum_{i=1}^{N} \sum_{t=k_1^0+l+1}^{k_1^0} \left[\frac{T-k_1^0}{T-k_1^0-l}(\mu_{i1} - \mu_{i2}) + \frac{T-k_2^0}{T-k_1^0-l}(\mu_{i2} - \mu_{i3}) \right] x_{it}.$$

对于 $P_{NT}^{(1)}(k_1^0 + l)$, 当 $N, T \to \infty$ 时,

$$
\begin{aligned}
& P_{NT}^{(1)}(k_1^0 + l) \\
=\ & -l \sum_{i=1}^{N} \left[\sqrt{\frac{T-k_1^0}{T-k_1^0-l}}(\mu_{i1} - \mu_{i2}) + \sqrt{\frac{(T-k_2^0)^2}{(T-k_1^0)(T-k_1^0-l)}}(\mu_{i2} - \mu_{i3}) \right]^2 \\
\to\ & -l\lambda^* \left[\rho_{11} + \frac{2(1-\tau_2^0)}{1-\tau_1^0}\rho_{12} + \left(\frac{1-\tau_2^0}{1-\tau_1^0}\right)^2 \rho_{22} \right] =: -l\lambda^* \theta_1.
\end{aligned}
\tag{4.41}
$$

对于 $2 \sum_{i=1}^{N} \sum_{t=k_1^0+l+1}^{k_1^0} \left[\frac{T-k_1^0}{T-k_1^0-l}(\mu_{i1} - \mu_{i2}) + \frac{T-k_2^0}{T-k_1^0-l}(\mu_{i2} - \mu_{i3}) \right] x_{it}$,

$$
\begin{aligned}
& 2 \sum_{i=1}^{N} \sum_{t=k_1^0+l+1}^{k_1^0} \left[\frac{T-k_1^0}{T-k_1^0-l}(\mu_{i1} - \mu_{i2}) + \frac{T-k_2^0}{T-k_1^0-l}(\mu_{i2} - \mu_{i3}) \right] x_{it} \\
\overset{d}{=}\ & 2 \sum_{t=l}^{-1} \sum_{i=1}^{N} \left[\frac{T-k_1^0}{T-k_1^0-l}(\mu_{i1} - \mu_{i2}) + \frac{T-k_2^0}{T-k_1^0-l}(\mu_{i2} - \mu_{i3}) \right] x_{it} \\
=:\ & 2\sqrt{\theta_1 \lambda_N^*} \sum_{t=l}^{-1} \chi_t,
\end{aligned}
$$

其中 χ_t 的定义见式 (4.40). 结合引理 4.12 可得, 当 $N, T \to \infty$ 时,

$$2 \sum_{i=1}^{N} \sum_{t=k_1^0+l+1}^{k_1^0} \left[\frac{T-k_1^0}{T-k_1^0-l}(\mu_{i1} - \mu_{i2}) + \frac{T-k_2^0}{T-k_1^0-l}(\mu_{i2} - \mu_{i3}) \right] x_{it} \overset{d}{\longrightarrow} 2\sqrt{\theta_1 \lambda^*} \sum_{t=l}^{-1} \zeta_t,$$

$$\tag{4.42}$$

其中, $(\zeta_l,\cdots,\zeta_{-1})^{\mathrm{T}} \sim N(\mathbf{0}_{|l|},\boldsymbol{\Sigma}_{|l|}(1))$, $\mathbf{0}_{|l|}$ 是一个 $|l| \times 1$ 零向量, $\boldsymbol{\Sigma}_{|l|}(1)$ 是一个 $|l| \times |l|$ 的矩阵 (在式 (4.6) 中将 n 替换为 $|l|$). 因此, 由式 (4.41) 和式 (2.18) 可得, 当 $N,T \to \infty$ 时,

$$\Delta_{NT}^{(1)}(l) \xrightarrow{d} -l\lambda^*\theta_1 + 2\sqrt{\theta_1\lambda^*}\sum_{t=l}^{-1}\zeta_t. \tag{4.43}$$

同理, 对于 $0 < l \leqslant M$, 可证当 $N,T \to \infty$ 时,

$$\Delta_{NT}^{(1)}(l) \xrightarrow{d} l\lambda^*\theta_2 + 2\sqrt{\theta_1\lambda^*}\sum_{t=1}^{l}\zeta_t, \tag{4.44}$$

其中, θ_2 的定义见式 (4.12), $(\zeta_1,\cdots,\zeta_l)^{\mathrm{T}} \sim N(\mathbf{0}_l,\boldsymbol{\Sigma}_l(1))$, $\mathbf{0}_l$ 是一个 $l \times 1$ 零向量, $\boldsymbol{\Sigma}_l(1)$ 是一个 $l \times l$ 的矩阵 (在式 (4.6) 中将 n 替换为 l). $(\zeta_l,\cdots,\zeta_{-1})^{\mathrm{T}}$ $(l<0)$ 与 $(\zeta_1,\cdots,\zeta_l)^{\mathrm{T}}$ $(l>0)$ 的相依结构 (即协方差矩阵) 可由式 (4.7)(将 n 替换为 $|l|$) 而得.

由于 $\Delta_{NT}^{(1)}(0) = 0$ 和 M 是任意大的, 因此结合式 (4.43) 和式 (4.44), 以及式 (4.43) 和式 (4.44) 的极限含有一公共的正因子 $\sqrt{\lambda^*}$ 这一事实, 即可证明定理 4.5 的第一部分.

至于定理 4.5 第二部分的证明, 由于 $\hat{k}_2^0$ 是在子样本区间 $[\hat{k}_1+1,T]$ 中估计而得, 且 $\hat{k}_1$ 趋近于 k_1^0, 即意味着 $\hat{k}_2^0$ 在一个几乎正确的单变点模型中被估计, 因此, 定理 4.5 第二部分的证明将与定理 4.2 的证明类似, 不再赘述.

在证明定理 4.6 之前, 先给出 $\{\chi_t, t \geqslant 1\}$ 的泛函中心极限定理.

引理 4.13 对于模型 (4.9), 在假设 C1, D1~D3, D4(iii) 和 D6 下, 当 $N,T \to \infty$ 时, 有

$$\frac{1}{T^{0.5+\max\limits_{1\leqslant i\leqslant N}d_i}}\sum_{t=1}^{\lfloor Tr\rfloor}\chi_t \Rightarrow \sigma_{\overline{d}}\kappa(\overline{d})B_{\overline{d}}(r), \quad 0 < r \leqslant 1,$$

其中, $\sigma_{\overline{d}}$ 的定义见假设 D6, $\kappa(\overline{d})$ 的定义见式 (1.2), 其中, d_i 被替换为 $\overline{d}$, $B_{\overline{d}}(\cdot)$ Hurst 指数为 $H = 0.5 + \overline{d}$ 的双边分数布朗运动.

证明 首先,

$$\begin{aligned}
\sum_{t=1}^{\lfloor Tr\rfloor}\chi_t &= \frac{1}{\sqrt{\theta_1\lambda_N^*}}\sum_{i=1}^{N}\left[\frac{T-k_1^0}{T-k_1^0-l}(\mu_{i1}-\mu_{i2}) + \frac{T-k_2^0}{T-k_1^0-l}(\mu_{i2}-\mu_{i3})\right]\sum_{t=1}^{\lfloor Tr\rfloor}x_{it} \\
&= \frac{1}{\sqrt{\theta_1\lambda_N^*}}\sum_{i\in A_N}\left[\frac{T-k_1^0}{T-k_1^0-l}(\mu_{i1}-\mu_{i2}) + \frac{T-k_2^0}{T-k_1^0-l}(\mu_{i2}-\mu_{i3})\right]\sum_{t=1}^{\lfloor Tr\rfloor}x_{it} \\
&\quad + \frac{1}{\sqrt{\theta_1\lambda_N^*}}\sum_{i\notin A_N}\left[\frac{T-k_1^0}{T-k_1^0-l}(\mu_{i1}-\mu_{i2}) + \frac{T-k_2^0}{T-k_1^0-l}(\mu_{i2}-\mu_{i3})\right]\sum_{t=1}^{\lfloor Tr\rfloor}x_{it},
\end{aligned}$$

下面将说明上式等号右端第二个部分和可忽略不计, 且第一个部分和可应用泛函中心极限定理. 显然, 两个部分和的数学期望都是零, 且

$$
\mathrm{Var}\left(\frac{1}{\sqrt{\theta_1\lambda_N^*}}\sum_{i\in A_N}\left[\frac{T-k_1^0}{T-k_1^0-l}(\mu_{i1}-\mu_{i2})+\frac{T-k_2^0}{T-k_1^0-l}(\mu_{i2}-\mu_{i3})\right]\sum_{t=1}^{\lfloor Tr\rfloor}x_{it}\right)
$$

$$
=\ \frac{1}{\theta_1\lambda_N^*}\sum_{i\in A_N}\left[\frac{T-k_1^0}{T-k_1^0-l}(\mu_{i1}-\mu_{i2})+\frac{T-k_2^0}{T-k_1^0-l}(\mu_{i2}-\mu_{i3})\right]^2 E\left(\sum_{t=1}^{\lfloor Tr\rfloor}x_{it}\right)^2
$$

$$
=\ \frac{1}{\theta_1\lambda_N^*}\sum_{i\in A_N}\left[\frac{T-k_1^0}{T-k_1^0-l}(\mu_{i1}-\mu_{i2})+\frac{T-k_2^0}{T-k_1^0-l}(\mu_{i2}-\mu_{i3})\right]^2 \sigma_i^2\cdot O\left(T^{1+2\max\limits_{1\leqslant i\leqslant N}d_i}\right)
$$

$$
=\ \sigma_{\bar d}^2(1+o(1))\cdot O\left(T^{1+2\max\limits_{1\leqslant i\leqslant N}d_i}\right)
$$

$$
=\ O\left(T^{1+2\max\limits_{1\leqslant i\leqslant N}d_i}\right),
$$

由性质 R4 和假设 D6 可知,

$$
\mathrm{Var}\left(\frac{1}{\sqrt{\theta_1\lambda_N^*}}\sum_{i\notin A_N}\left[\frac{T-k_1^0}{T-k_1^0-l}(\mu_{i1}-\mu_{i2})+\frac{T-k_2^0}{T-k_1^0-l}(\mu_{i2}-\mu_{i3})\right]\sum_{t=1}^{\lfloor Tr\rfloor}x_{it}\right)
$$

$$
=\ \frac{1}{\theta_1\lambda_N^*}\sum_{i\notin A_N}\left[\frac{T-k_1^0}{T-k_1^0-l}(\mu_{i1}-\mu_{i2})+\frac{T-k_2^0}{T-k_1^0-l}(\mu_{i2}-\mu_{i3})\right]^2 E\left(\sum_{t=1}^{\lfloor Tr\rfloor}x_{it}\right)^2
$$

$$
=\ \frac{1}{\theta_1\lambda_N^*}\sum_{i\notin A_N}\left[\frac{T-k_1^0}{T-k_1^0-l}(\mu_{i1}-\mu_{i2})+\frac{T-k_2^0}{T-k_1^0-l}(\mu_{i2}-\mu_{i3})\right]^2 \sigma_i^2\cdot o\left(T^{1+2\max\limits_{1\leqslant i\leqslant N}d_i}\right)
$$

$$
\leqslant\ \sup_{i\geqslant 1}\sigma_i^2(1+o(1))\cdot o\left(T^{1+2\max\limits_{1\leqslant i\leqslant N}d_i}\right)
$$

$$
=\ o\left(T^{1+2\max\limits_{1\leqslant i\leqslant N}d_i}\right)
$$

对于 $r\in(0,1]$ 一致成立. 因此

$$
\sum_{t=1}^{\lfloor Tr\rfloor}\chi_t\ =\ \frac{1}{\sqrt{\theta_1\lambda_N^*}}\sum_{i\in A_N}\left[\frac{T-k_1^0}{T-k_1^0-l}(\mu_{i1}-\mu_{i2})+\frac{T-k_2^0}{T-k_1^0-l}(\mu_{i2}-\mu_{i3})\right]\sum_{t=1}^{\lfloor Tr\rfloor}x_{it}\cdot(1+O_p(1))
$$

$$
=:\ \sum_{t=1}^{\lfloor Tr\rfloor}\widetilde{\chi}_t\cdot(1+O_p(1)).
$$

其中,

$$
\widetilde{\chi}_t=\frac{1}{\sqrt{\theta_1\lambda_N^*}}\sum_{i\in A_N}\left[\frac{T-k_1^0}{T-k_1^0-l}(\mu_{i1}-\mu_{i2})+\frac{T-k_2^0}{T-k_1^0-l}(\mu_{i2}-\mu_{i3})\right]x_{it}.
$$

观察到

$$
(1-B)^{\max\limits_{1\leqslant i\leqslant N} d_i}\widetilde{\chi}_t
$$

$$
= \sum_{j=0}^{\infty}\frac{\Gamma\Big(-\max\limits_{1\leqslant i\leqslant N} d_i+j\Big)}{\Gamma\Big(\max\limits_{1\leqslant i\leqslant N} d_i\Big)\Gamma(j+1)}\frac{1}{\sqrt{\theta_1\lambda_N^*}}\sum_{i\in A_N}\left[\frac{T-k_1^0}{T-k_1^0-l}(\mu_{i1}-\mu_{i2})\right.
$$

$$
\left.+\frac{T-k_2^0}{T-k_1^0-l}(\mu_{i2}-\mu_{i3})\right]u_{i,t-j}
$$

$$
=: \sum_{j=0}^{\infty}\frac{\Gamma\Big(-\max\limits_{1\leqslant i\leqslant N} d_i+j\Big)}{\Gamma\Big(\max\limits_{1\leqslant i\leqslant N} d_i\Big)\Gamma(j+1)}\widetilde{u}_{t-j},
$$

其中,

$$
\widetilde{u}_{t-j}=\frac{1}{\sqrt{\theta_1\lambda_N^*}}\sum_{i\in A_N}\left[\frac{T-k_1^0}{T-k_1^0-l}(\mu_{i1}-\mu_{i2})+\frac{T-k_2^0}{T-k_1^0-l}(\mu_{i2}-\mu_{i3})\right]u_{i,t-j}
$$

满足 $E(\widetilde{u}_{t-j})=0$, 以及当 $N,T\to\infty$ 时, 由假设 D6 可知

$$
\mathrm{Var}(\widetilde{u}_{t-j})=\frac{1}{\theta_1\lambda_N^*}\sum_{i\in A_N}\left[\frac{T-k_1^0}{T-k_1^0-l}(\mu_{i1}-\mu_{i2})+\frac{T-k_2^0}{T-k_1^0-l}(\mu_{i2}-\mu_{i3})\right]^2\sigma_i^2\to\sigma_{\overline{d}}^2<\infty,
$$

那么, 显然对任意给定的 N, $\{\widetilde{\chi}_t,t\geqslant 1\}$ 是一列记忆参数为 $\max\limits_{1\leqslant i\leqslant N} d_i$ 的长记忆时间序列. 则应用泛函中心极限定理 (参考 Wang 等, 2003) 可得, 当 $N,T\to\infty$ 时,

$$
\frac{1}{T^{0.5+\max\limits_{1\leqslant i\leqslant N} d_i}}\sum_{t=1}^{\lfloor Tr\rfloor}\chi_t = \frac{1}{T^{0.5+\max\limits_{1\leqslant i\leqslant N} d_i}}\sum_{t=1}^{\lfloor Tr\rfloor}\widetilde{\chi}_t\cdot(1+o_p(1))
$$

$$
\Rightarrow \sigma_{\overline{d}}\kappa(\overline{d})B_{\overline{d}}(r),\ 0<r\leqslant 1.
$$

证毕.

定理 4.6的证明: 对任意大的正常数 M 和任意的 $s\leqslant |M|$, 记

$$
\Lambda_{NT}^{(1)}(s)=\lambda_N^*{}^{\frac{2\max\limits_{1\leqslant i\leqslant N} d_i}{1-2\max\limits_{1\leqslant i\leqslant N} d_i}}\left[S_{NT}(k_1^0+\lfloor s\lambda_N^*{}^{-\frac{1}{1-2\max\limits_{1\leqslant i\leqslant N} d_i}}\rfloor)-S_{NT}(k_1^0)\right].
$$

此外, 令

$$
l=\lfloor s\lambda_N^*{}^{-\frac{1}{1-2\max\limits_{1\leqslant i\leqslant N} d_i}}\rfloor,
$$

$$
\Psi_{NT}^{(1)}(l)=\lambda_N^*{}^{\frac{2\max\limits_{1\leqslant i\leqslant N} d_i}{1-2\max\limits_{1\leqslant i\leqslant N} d_i}}\left[S_{NT}(k_1^0+l)-S_{NT}(k_1^0)\right],\ \hat{l}=\arg\min_l\Psi_{NT}^{(1)}.
$$

显然, 当 $M \to \infty$ 时, $P(\hat{l} = \hat{k}_1 - k_1^0) \to 1$. 下面分析 $\Psi_{NT}^{(1)}(l)$ 的渐近性质, 为节约篇幅, 仅提供 $\lfloor -M\lambda_N^{*-\frac{1}{1-2\max\limits_{1\leqslant i \leqslant N} d_i}} \rfloor \leqslant l < 0$ 情形的证明过程.

当 $\lfloor -M\lambda_N^{*-\frac{1}{1-2\max\limits_{1\leqslant i \leqslant N} d_i}} \rfloor \leqslant l < 0$ 时, 由式 (4.30) 可得,

$$
\begin{aligned}
& \Psi_{NT}^{(1)}(l) \\
= \ & \lambda_N^{*\frac{2\max\limits_{1\leqslant i \leqslant N} d_i}{1-2\max\limits_{1\leqslant i \leqslant N} d_i}} P_{NT}^{(1)}(k_1^0 + l) \\
& + 2\lambda_N^{*\frac{2\max\limits_{1\leqslant i \leqslant N} d_i}{1-2\max\limits_{1\leqslant i \leqslant N} d_i}} \sum_{i=1}^{N} \sum_{t=k_1^0+l+1}^{k_1^0} \left[\frac{T-k_1^0}{T-k_1^0-l}(\mu_{i1}-\mu_{i2}) + \frac{T-k_2^0}{T-k_1^0-l}(\mu_{i2}-\mu_{i3}) \right] x_{it} \\
& - 2\lambda_N^{*\frac{2\max\limits_{1\leqslant i \leqslant N} d_i}{1-2\max\limits_{1\leqslant i \leqslant N} d_i}} \sum_{i=1}^{N} \sum_{t=k_1^0+1}^{T} \left[\frac{l}{T-k_1^0-l}(\mu_{i1}-\mu_{i2}) + \frac{(T-k_2^0)(l)}{(T-k_1^0-l)(T-k_1^0)}(\mu_{i2}-\mu_{i3}) \right] x_i \\
& - \lambda_N^{*\frac{2\max\limits_{1\leqslant i \leqslant N} d_i}{1-2\max\limits_{1\leqslant i \leqslant N} d_i}} \sum_{i=1}^{N} \left[\left(\frac{1}{\sqrt{k_1^0+l}} \sum_{t=1}^{k_1^0+l} x_{it} \right)^2 - \left(\frac{1}{\sqrt{k_1^0}} \sum_{t=1}^{k_1^0} x_{it} \right)^2 \right] \\
& - \lambda_N^{*\frac{2\max\limits_{1\leqslant i \leqslant N} d_i}{1-2\max\limits_{1\leqslant i \leqslant N} d_i}} \sum_{i=1}^{N} \left[\left(\frac{1}{\sqrt{T-k_1^0-l}} \sum_{t=k_1^0+l+1}^{T} x_{it} \right)^2 - \left(\frac{1}{\sqrt{T-k_1^0}} \sum_{t=k_1^0+1}^{T} x_{it} \right)^2 \right]. \quad (4.45)
\end{aligned}
$$

如前文所证, 式 (4.45) 等号右端的前两项是主项.

对于第一项, 当 $N, T \to \infty$ 时,

$$
\begin{aligned}
& \lambda_N^{*\frac{2\max\limits_{1\leqslant i \leqslant N} d_i}{1-2\max\limits_{1\leqslant i \leqslant N} d_i}} P_{NT}^{(1)}(k_1^0 + l) \\
= \ & \lambda_N^{*\frac{2\max\limits_{1\leqslant i \leqslant N} d_i}{1-2\max\limits_{1\leqslant i \leqslant N} d_i}} \left| \lfloor s\lambda_N^{*-1/(1-2\max\limits_{1\leqslant i \leqslant N} d_i)} \rfloor \right| \\
& \cdot \sum_{i=1}^{N} \left[\sqrt{\frac{T-k_1^0}{T-k_1^0-l}}(\mu_{i1}-\mu_{i2}) + \sqrt{\frac{(T-k_2^0)^2}{(T-k_1^0)(T-k_1^0-l)}}(\mu_{i2}-\mu_{i3}) \right]^2 \\
\to \ & -s \left[\rho_{11} + \frac{2(1-\tau_2^0)}{1-\tau_1^0}\rho_{12} + \left(\frac{1-\tau_2^0}{1-\tau_1^0} \right)^2 \rho_{22} \right] = -s\theta_1,
\end{aligned}
$$

θ_1 的表达式见式 (4.11).

对于第二项,

$$2\lambda_N^{*\frac{2\max\limits_{1\leqslant i\leqslant N}d_i}{1-2\max\limits_{1\leqslant i\leqslant N}d_i}}\sum_{i=1}^{N}\sum_{t=k_1^0+l+1}^{k_1^0}\left[\frac{T-k_1^0}{T-k_1^0-l}(\mu_{i1}-\mu_{i2})+\frac{T-k_2^0}{T-k_1^0-l}(\mu_{i2}-\mu_{i3})\right]x_{it}$$

$$=\quad 2\sqrt{\theta_1\lambda_N^*}\lambda_N^{*\frac{2\max\limits_{1\leqslant i\leqslant N}d_i}{1-2\max\limits_{1\leqslant i\leqslant N}d_i}}$$

$$\cdot\sum_{t=k_1^0+l+1}^{k_1^0}\frac{1}{\sqrt{\theta_1\lambda_N^*}}\sum_{i=1}^{N}\left[\frac{T-k_1^0}{T-k_1^0-l}(\mu_{i1}-\mu_{i2})+\frac{T-k_2^0}{T-k_1^0-l}(\mu_{i2}-\mu_{i3})\right]x_{it}$$

$$=:\quad 2\sqrt{\theta_1}\lambda_N^{*\frac{1+2\max\limits_{1\leqslant i\leqslant N}d_i}{2\left(1-2\max\limits_{1\leqslant i\leqslant N}d_i\right)}}\sum_{t=k_1^0+l+1}^{k_1^0}\chi_t,$$

χ_t 的定义见式 (4.40). 由于

$$\sum_{t=k^0+l+1}^{k^0}\chi_t\overset{d}{=}\sum_{t=l}^{-1}\chi_t,\;\;\lambda_N^{*-\frac{1}{1-2\max\limits_{1\leqslant i\leqslant N}d_i}}\to\infty\;\text{as}\;N,T\to\infty,$$

$$\left(\lambda_N^{*-\frac{1}{1-2\max\limits_{1\leqslant i\leqslant N}d_i}}\right)^{0.5+\max\limits_{1\leqslant i\leqslant N}d_i}=\lambda_N^{*-\frac{1+2\max\limits_{1\leqslant i\leqslant N}d_i}{2\left(1-2\max\limits_{1\leqslant i\leqslant N}d_i\right)}},$$

因此, 由引理 4.13可知, 当 $N,T\to\infty$ 时,

$$2\lambda_N^{*\frac{2\max\limits_{1\leqslant i\leqslant N}d_i}{1-2\max\limits_{1\leqslant i\leqslant N}d_i}}\sum_{i=1}^{N}\sum_{t=k_1^0+l+1}^{k_1^0}\left[\frac{T-k_1^0}{T-k_1^0-l}(\mu_{i1}-\mu_{i2})+\frac{T-k_2^0}{T-k_1^0-l}(\mu_{i2}-\mu_{i3})\right]x_{it}$$

$$\Rightarrow\quad 2\sqrt{\theta_1}\sigma_{\overline{d}}\kappa(\overline{d})B_{\overline{d}}(s).$$

综上所述, 当 $N,T\to\infty$ 时,

$$\Lambda_{NT}^{(1)}(s)=\Psi_{NT}^{(1)}(l)\Rightarrow -s\theta_1+2\sqrt{\theta_1}\sigma_{\overline{d}}\kappa(\overline{d})B_{\overline{d}}(s).$$

若 $0<l\leqslant\lfloor M\lambda_N^{*-1/(1-2\max\limits_{1\leqslant i\leqslant N}d_i)}\rfloor$, 类似可证, 当 $N,T\to\infty$ 时, 有

$$\Lambda_{NT}^{(1)}(s)=\Psi_{NT}^{(1)}(l)\Rightarrow s\theta_2+2\sqrt{\theta_1}\sigma_{\overline{d}}\kappa(\overline{d})B_{\overline{d}}(s),$$

θ_2 的表达式见式 (4.12).

注意到 $\Lambda_{NT}^{(1)}(0)=0$ 且 M 任意大, 因此, 当 $N,T\to\infty$ 时,

$$\Lambda_{NT}^{(1)}(s)=\Psi_{NT}^{(1)}(l)\Rightarrow\Upsilon_1(s),$$

其中,

$$
\Upsilon_1(s) = \begin{cases}
-s\theta_1 + 2\sqrt{\theta_1}\,\sigma_{\overline{d}}\,\kappa(\overline{d})B_{\overline{d}}^{(1)}(s), & s < 0, \\[2mm]
0, & s = 0, \\[2mm]
s\theta_2 + 2\sqrt{\theta_1}\,\sigma_{\overline{d}}\,\kappa(\overline{d})B_{\overline{d}}^{(1)}(s), & s > 0.
\end{cases}
$$

从而, 由 $\arg\max/\arg\min$ 函数的连续映照定理可知, 当 $N, T \to \infty$ 时,

$$
\lambda_N^{*\,1/(1-2\max\limits_{1\leqslant i\leqslant N} d_i)}(\hat{k}_1 - k_1^0) \xrightarrow{\ d\ } \arg\min_{-\infty < s < \infty} \Upsilon_1(s).
$$

定理 4.6 的第一个结论得证.

由于 $\hat{k}_1$ 趋近于 k_1^0, 定理 4.6 的第二个结论的证明可参考定理 4.3 的证明.

4.4.3　第 4.1.3 节的证明

本节只给出定理 4.8 和定理 4.9 的详细证明, 其他部分的证明与模型 (4.9) 中相关结论的证明一致, 不再赘述.

定理 4.8 的证明: 记

$$
\Delta_{NT}^{(j')}(l) = S_{NT}(k_{j'}^0 + l) - S_{NT}(k_{j'}^0), \quad \hat{l} = \arg\min_l \Delta_{NT}^{(j')},
$$

$l \in [-M, M]$, M 是一个任意大的正常数. 显然, 当 $M \to \infty$ 时, 有 $\hat{l} = \hat{k}_{j'} - k_{j'}^0$. 因此, 只需要讨论 $\Delta_{NT}^{(j')}(l)$ 的渐近表现即可.

当 $-M \leqslant l < 0$ 时,

$$
\begin{aligned}
\Delta_{NT}^{(j')}(l) = \sum_{i=1}^N \Bigg\{ & \sum_{t=1}^{k_{j'}^0 + l} \left[\left(y_{it} - \bar{y}_i(k_{j'}^0 + l)\right)^2 - \left(y_{it} - \bar{y}_i(k_{j'}^0)\right)^2 \right] \\
& + \sum_{t=k_{j'}^0 + l + 1}^{k_{j'}^0} \left[\left(y_{it} - \bar{y}_i^*(k_{j'}^0 + l)\right)^2 - \left(y_{it} - \bar{y}_i(k_{j'}^0)\right)^2 \right] \\
& + \sum_{t=k_{j'}^0 + 1}^{T} \left[\left(y_{it} - \bar{y}_i^*(k_{j'}^0 + l)\right)^2 - \left(y_{it} - \bar{y}_i^*(k_{j'}^0)\right)^2 \right] \Bigg\}.
\end{aligned}
$$

通过一些计算可知上式等号右端第二项是主项.

当 $t \in [k_{j'}^0 + l + 1, k_{j'}^0]$ 时，$y_{it} = \mu_{ij'} + x_{it}$，故

$$\sum_{i=1}^{N} \sum_{t=k_{j'}^0+l+1}^{k_{j'}^0} \left[\left(y_{it} - \bar{y}_i^*(k_{j'}^0 + l) \right)^2 - \left(y_{it} - \bar{y}_i(k_{j'}^0) \right)^2 \right]$$

$$= 2 \sum_{i=1}^{N} \left[\left(\mu_{ij'} - \bar{y}_i^*(k_{j'}^0 + l) \right) - \left(\mu_{ij'} - \bar{y}_i(k_{j'}^0) \right) \right] \sum_{t=k_{j'}^0+l+1}^{k_{j'}^0} x_{it}$$

$$- l \sum_{i=1}^{N} \left[\left(\mu_{ij'} - \bar{y}_i^*(k_{j'}^0 + l) \right)^2 - \left(\mu_{ij'} - \bar{y}_i(k_{j'}^0) \right)^2 \right],$$

其中，

$$\mu_{ij'} - \bar{y}_i^*(k_{j'}^0 + l)$$

$$= -\frac{1}{T - k_{j'}^0 - l} \sum_{t=k_{j'}^0+l+1}^{T} x_{it} + \frac{1}{T - k_{j'}^0 - l} \sum_{p=j'}^{m} (T - k_p^0)(\mu_{ip} - \mu_{i,p+1}), \quad (4.46)$$

$$\mu_{ij'} - \bar{y}_i(k_{j'}^0) = -\frac{1}{k_{j'}^0} \sum_{t=1}^{k_{j'}^0} x_{it} - \frac{1}{k_{j'}^0} \sum_{p=1}^{j'-1} k_p^0 (\mu_{ip} - \mu_{i,p+1}). \quad (4.47)$$

因此，如定理 4.5 的证明所述，当 $N, T \to \infty$ 时，有

$$2 \sum_{i=1}^{N} \left[\left(\mu_{ij'} - \bar{y}_i^*(k_{j'}^0 + l) \right) - \left(\mu_{ij'} - \bar{y}_i(k_{j'}^0) \right) \right] \sum_{t=k_{j'}^0+l+1}^{k_{j'}^0} x_{it} \xrightarrow{d} 2\sqrt{\lambda^*} \pi_{j'} \sum_{t=l}^{-1} \zeta_t$$

以及

$$-l \sum_{i=1}^{N} \left[\left(\mu_{ij'} - \bar{y}_i^*(k_{j'}^0 + l) \right)^2 - \left(\mu_{ij'} - \bar{y}_i(k_{j'}^0) \right)^2 \right] \to -l \lambda^* \theta_{j'}^{(1)},$$

其中，

$$\pi_{j'} = \left(\frac{1}{(\tau_{j'}^0)^2} \sum_{p,q=1}^{j'-1} \tau_p^0 \tau_q^0 \rho_{pq} + \frac{1}{(1-\tau_{j'}^0)^2} \sum_{p,q=j'}^{m} (1-\tau_p^0)(1-\tau_q^0)\rho_{pq} \right.$$

$$\left. + \frac{2}{\tau_{j'}^0(1-\tau_{j'}^0)} \sum_{p=j'}^{m} \sum_{q=1}^{j'-1} (1-\tau_p^0)\tau_q^0 \rho_{pq} \right)^{1/2}, \quad (4.48)$$

$$\theta_{j'}^{(1)} = \frac{1}{(1-\tau_{j'}^0)^2} \sum_{p,q=j'}^{m} (1-\tau_p^0)(1-\tau_q^0)\rho_{pq} - \frac{1}{(\tau_{j'}^0)^2} \sum_{p,q=1}^{j'-1} \tau_p^0\tau_q^0\rho_{pq}, \tag{4.49}$$

$(\zeta_l, \cdots, \zeta_{-1})^{\mathrm{T}} \sim N(\mathbf{0}_{|l|}, \boldsymbol{\Sigma}_{|l|}(1))$, $\mathbf{0}_{|l|}$ 是一个 $|l| \times 1$ 零向量, $\boldsymbol{\Sigma}_l(1)$ 是一个 $|l| \times |l|$ 的矩阵 (在式 (4.6) 中将 n 替换为 $|l|$). 则, 当 $N, T \to \infty$ 时,

$$\Delta_{NT}^{(j')}(l) \xrightarrow{d} -l\lambda^*\theta_{j'}^{(1)} + 2\sqrt{\lambda^*}\pi_{j'} \sum_{t=l}^{-1} \zeta_t.$$

当 $0 < l \leqslant M$ 时, 同理可证当 $N, T \to \infty$ 时,

$$\Delta_{NT}^{(j')}(l) \xrightarrow{d} l\lambda^*\theta_{j'}^{(2)} + 2\sqrt{\lambda^*}\pi_{j'} \sum_{t=1}^{l} \zeta_t,$$

其中,

$$\theta_{j'}^{(2)} = \frac{1}{(\tau_{j'}^0)^2} \sum_{p,q=1}^{j'} \tau_p^0\tau_q^0\rho_{pq} - \frac{1}{(1-\tau_{j'}^0)^2} \sum_{p,q=j'+1}^{m} (1-\tau_p^0)(1-\tau_q^0)\rho_{pq}, \tag{4.50}$$

$(\zeta_1, \cdots, \zeta_l)^{\mathrm{T}} \sim N(\mathbf{0}_l, \boldsymbol{\Sigma}_l(1))$, $\mathbf{0}_l$ 是一个 $l \times 1$ 零向量, $\boldsymbol{\Sigma}_l(1)$ 是一个 $l \times l$ 的矩阵 (在式 (4.6) 中将 n 替换为 l).

注意到 $\Delta_{NT}^{(j')}(0) = 0$, M 可任意大, 以及 $\arg\max / \arg\min$ 函数的连续映照定理, 即完成证明.

定理 4.9 的证明 : 记

$$\Lambda_{NT}^{(j')}(s) = \lambda_N^{*\,2d/(1-2d)} \left[S_{NT}\left(k_{j'}^0 + \lfloor s\lambda_N^{*\,-1/(1-2d)}\rfloor\right) - S_{NT}(k_{j'}^0) \right],$$

$s \in [-M, M]$, M 为一任意大的正常数. 与前文一样, 令 $l = \lfloor s\lambda_N^{*\,-1/(1-2d)}\rfloor$,

$$\Phi_{NT}^{(j')}(l) = \lambda_N^{*\,2d/(1-2d)} \left[S_{NT}(k_{j'}^0 + l) - S_{NT}(k_{j'}^0) \right], \quad \hat{l} = \arg\min_l \Phi_{NT}^{(j')}(l).$$

则仅需研究 $\Phi_{NT}^{(j')}(l)$ 的渐近性质.

对于 $\lfloor -M\lambda_N^{*-1/(1-2d)} \rfloor \leqslant l < 0$, 与定理 4.6 的证明类似, 可得

$$
\begin{aligned}
\Phi_{NT}^{(j')}(l) &= \lambda_N^{*\,2d/(1-2d)} \sum_{i=1}^{N} \sum_{t=k_{j'}^0+l+1}^{k_{j'}^0} \left[\left(y_{it} - \bar{y}_i^*(k_{j'}^0 + l) \right)^2 - \left(y_{it} - \bar{y}_i(k_{j'}^0) \right)^2 \right] + o_p(1) \\
&= 2\lambda_N^{*\,2d/(1-2d)} \sum_{i=1}^{N} \left[\left(\mu_{ij'} - \bar{y}_i^*(k_{j'}^0 + l) \right) - \left(\mu_{ij'} - \bar{y}_i(k_{j'}^0) \right) \right] \sum_{t=k_{j'}^0+l+1}^{k_{j'}^0} x_{it} \\
&\quad - \lambda_N^{*\,2d/(1-2d)} l \sum_{i=1}^{N} \left[\left(\mu_{ij'} - \bar{y}_i^*(k_{j'}^0 + l) \right)^2 - \left(\mu_{ij'} - \bar{y}_i(k_{j'}^0) \right)^2 \right] + o_p(1) \\
&= 2\lambda_N^{*\,2d/(1-2d)} \sum_{t=k_{j'}^0+l+1}^{k_{j'}^0} \sum_{i=1}^{N} \left[\frac{1}{T - k_{j'}^0 - l} \sum_{p=j'}^{m} (T - k_p^0)(\mu_{ip} - \mu_{i,p+1}) \right. \\
&\quad \left. + \frac{1}{k_{j'}^0} \sum_{p=1}^{j'-1} k_p^0 (\mu_{ip} - \mu_{i,p+1}) + O_p(T^{-0.5+d}) \right] x_{it} \\
&\quad - \lambda_N^{*\,2d/(1-2d)} \lfloor s\lambda_N^{*-1/(1-2d)} \rfloor \sum_{i=1}^{N} \left[\left(\frac{1}{T - k_{j'}^0 - l} \sum_{p=j'}^{m} (T - k_p^0)(\mu_{ip} - \mu_{i,p+1}) \right)^2 \right. \\
&\quad \left. - \left(\frac{1}{k_{j'}^0} \sum_{p=1}^{j'-1} k_p^0 (\mu_{ip} - \mu_{i,p+1}) \right)^2 + O_p(T^{-0.5+d}) \right] + o_p(1),
\end{aligned}
\tag{4.51}
$$

其中, $\mu_{ij'} - \bar{y}_i^*(k_{j'}^0 + l)$ 和 $\mu_{ij'} - \bar{y}_i(k_{j'}^0)$ 的定义分别见式 (4.46) 和式 (4.47). 注意 $\frac{N}{T^{0.5-d}} = o(\lambda_N^*)$. 记

$$
\psi_t^{(j')} = \frac{1}{\pi_{j'} \sqrt{\lambda_N^*}} \sum_{i=1}^{N} \left[\frac{1}{T - k_{j'}^0 - l} \sum_{p=j'}^{m} (T - k_p^0)(\mu_{ip} - \mu_{i,p+1}) + \frac{1}{k_{j'}^0} \sum_{p=1}^{j'-1} k_p^0 (\mu_{ip} - \mu_{i,p+1}) \right] x_{it},
$$

$\pi_{j'}$ 的定义见式 (4.48). 显然, $\psi_t^{(j')}$ 是零均值方差有限的长记忆随机变量. 则, 由泛函中心极限定理可得

$$
\sum_{t=k_{j'}^0+l+1}^{k_{j'}^0} \psi_t^{(j')} \overset{d}{=} \sum_{t=l}^{-1} \psi_t^{(j')}.
$$

显然, 式 (4.51) 等号右端第一项收敛到 $2\pi_{j'} \sigma_{\bar{d}} \kappa(\bar{d}) B_{\bar{d}}^{(j')}(s)$, 其中 $B_{\bar{d}}^{(j')}(s)$ 是一个双边分数布朗运动.

此外, 易证当 $N, T \to \infty$ 时, 式 (4.51) 等号右端第二项依概率收敛到 $-s\theta_{j'}^{(1)}$. 因此, 当 $N, T \to \infty$ 时,

$$
\Lambda_{NT}^{(j')}(s) = \Phi_{NT}^{(j')}(l) \Rightarrow -s\theta_{j'}^{(1)} + 2\pi_{j'} \sigma_{\bar{d}} \kappa(\bar{d}) B_{\bar{d}}^{(j')}(s).
$$

对于 $0 < l \leqslant \lfloor M\lambda_N^{*\,-1/(1-2d)} \rfloor$，同理可证，当 $N, T \to \infty$ 时，

$$\Lambda_{NT}^{(j')}(s) = \Phi_{NT}^{(j')}(l) \Rightarrow s\theta_{j'}^{(2)} + 2\pi_{j'}\sigma_{\overline{d}}\kappa(\overline{d})B_{\overline{d}}^{(j')}(s),$$

其中 $\theta_{j'}^{(2)}$ 的定义见式 (4.50).

由于 $\Lambda_{NT}^{(j')}(0) = 0, M$ 可任意大，因此，当 $N, T \to \infty$ 时，由 $\arg\max / \arg\min$ 函数的连续映照定理可得

$$\lambda_N^{*\,1/(1-2d)}(\hat{k}_{j'} - k_{j'}^0) \xrightarrow{d} \underset{-\infty < s < \infty}{\arg\min} \; \Gamma_{j'}(s),$$

其中，

$$\Gamma_{j'}(s) = \begin{cases} -s\theta_{j'}^{(1)} + 2\pi_{j'}\sigma_{\overline{d}}\kappa(\overline{d})B_{\overline{d}}^{(j')}(s), & s < 0, \\ 0, & s = 0, \\ s\theta_{j'}^{(2)} + 2\pi_{j'}\sigma_{\overline{d}}\kappa(\overline{d})B_{\overline{d}}^{(j')}(s), & s > 0. \end{cases}$$

证毕.

第 5 章　在不同变点信号下长记忆面板数据的均值变点估计

5.1　模型与结论

本节我们考虑具有不同变点信号的双变点模型, 模型来自于式 (4.9), 误差过程 x_{it} 由 N 个独立的长记忆序列构成, 具体如下:

$$\begin{cases} y_{it} = \mu_{i1} + x_{it}, & t = 1, \cdots, k_1^0, \\ y_{it} = \mu_{i2} + x_{it}, & t = k_1^0 + 1, \cdots, k_2^0, \quad i = 1, 2, \cdots, N, \\ y_{it} = \mu_{i3} + x_{it}, & t = k_2^0 + 1, \cdots, T, \end{cases} \quad (5.1)$$

式中, k_1^0 和 k_2^0 为两个未知的公共变点, $\tau_j^0 = k_j^0/T \in (0,1)(j=1,2)$, 为其对应的变分点.

同样, 关于单个序列的变点差 $\mu_{i2} - \mu_{i1}$ 和 $\mu_{i3} - \mu_{i2}$ 可以是固定值, 也可以是与误差过程 x_{it} 独立的随机变量, 而在理论部分我们假定其为固定值, 并记

$$\lambda_{1N} = \sum_{i=1}^{N} (\mu_{i2} - \mu_{i1})^2, \quad \lambda_{2N} = \sum_{i=1}^{N} (\mu_{i3} - \mu_{i2})^2.$$

在本节的设定中, λ_{1N} 远大于 λ_{2N}, 即第一个变点 k_1^0 的信号比第二个变点 k_2^0 的信号要强.

模型的基本假设如下:

- 假设 E1: 对于 $0 < d < 0.5$, 对于每个 i, $x_{it} \sim I(d)$, 即式 (1.1) 成立, 且对所有的 i 和 t, $u_{it} \sim \text{i.i.d}(0, \sigma_u^2)$.

- 假设 E2: $0 < \tau_1^0 < \tau_2^0 < 1$.

- 假设 E3: $\lambda_{2N} = o(\lambda_{1N})$.

注 5.1　与第 4 章的假设 C1 相同, 假设 E1 是关于模型误差的设定. 假设 E2 保证了变点的可识别性. 假设 E3 保证了两个变点的信号不同, 且第一个变点的信号强于第二个变点的信号. 此外, 由假设 E3 可推出 $\sum_{i=1}^{N} (\mu_{i2} - \mu_{i1})(\mu_{i3} - \mu_{i2}) = o(\lambda_{1N})$.

同样地, 采取序贯最小二乘法估计变点, 即由式 (4.3) 首先估计出变点 $\hat{k}$. 从直观上看, 由于 k_1^0 的信号更强, $\hat{k}$ 应该是 k_1^0 的估计量; 那么接着在子样本区间 $[\hat{k}+1, T]$ 估计第二个变点 k_2^0. 在介绍理论结果之前, 需要对变点信号 λ_{1N} 和 λ_{2N} 的强度做出具体假设.

首先, 变点信号 λ_{1N} 的强度可分为强、中两类, 具体设定如下:

- 假设 E4 (λ_{1N} 为强信号): 对每个 $i \geqslant 1$, $\mu_{i2} - \mu_{i1}$ 为固定值, 且 $\lim\limits_{N \to \infty} \lambda_{1N} \to \infty$. 此外, $\frac{1}{T^{0.5-d}} = o\left(\frac{\lambda_{1N}}{N}\right)$.

- 假设 E5 (λ_{1N} 为中等信号): 对每个 $i \geqslant 1$, $\mu_{i2} - \mu_{i1} = \Delta_{1i}/\sqrt{N}$, 其中, $|\Delta_{1i}| \leqslant C_1$, C_1 为一有限正常数, 且假定 $\lim\limits_{N \to \infty} \lambda_{1N} = \lambda_1$, 其中 $0 < \lambda_1 < \infty$. 此外, $\frac{1}{T^{0.5-d}} = o\left(\frac{\lambda_{1N}}{N}\right)$.

而变点信号 λ_{2N} 对应的强度也有三类, 具体设定如下:

- 假设 E6 (λ_{2N} 为中等信号): 对每个 $i \geqslant 1$, $\mu_{i3} - \mu_{i2} = \Delta_{2i}/\sqrt{N}$, 其中, $|\Delta_{2i}| \leqslant C_2$, C_2 为一有限正常数, 且假定 $\lim\limits_{N \to \infty} \lambda_{2N} = \lambda_2$, 其中 $0 < \lambda_2 < \infty$. 此外, $\frac{1}{T^{0.5-d}} = o\left(\frac{\lambda_{2N}}{N}\right)$.

- 假设 E7 (λ_{2N} 为弱信号): $\lim\limits_{N \to \infty} \lambda_{2N} = 0$. 此外, $\frac{1}{T^{0.5-d}} = o\left(\frac{\lambda_{2N}}{N}\right)$.

定理 5.1　对于模型 (5.1), 若假设 E1~E4 成立, 则

$$\lim_{N \to \infty} P(\hat{k}_1 = k_1^0) = 1. \tag{5.2}$$

(1) 若进一步假设 E6 成立, 则当 $N, T \to \infty$ 时,

$$\hat{k}_2 - k_2^0 = O_p(1), \quad \hat{k}_2 - k_2^0 \xrightarrow{d} \underset{l \in \{\cdots, -2, -1, 0, 1, 2, \cdots\}}{\arg\min} W_2^*(l), \tag{5.3}$$

其中,

$$W_2^*(l) = \begin{cases} -l\sqrt{\lambda_2} + 2\sigma_u \sum\limits_{t=l}^{-1} (1-B)^{-d} Z_t, & l = -1, -2, \cdots, \\ 0, & l = 0, \\ l\sqrt{\lambda_2} + 2\sigma_u \sum\limits_{t=1}^{l} (1-B)^{-d} Z_t, & l = 1, 2, \cdots, \end{cases}$$

(2) 若进一步假设 E7 成立, 则当 $N, T \to \infty$ 时,

$$|\hat{k}_2 - k_2^0| = O_p\left(\lambda_{2N}^{-1/(1-2d)}\right), \quad (\lambda_{2N})^{1/(1-2d)}(\hat{k}_2 - k_2^0) \xrightarrow{d} \underset{-\infty < s < \infty}{\arg\min} \Upsilon(s), \tag{5.4}$$

其中,

$$\Upsilon(s) = \begin{cases} -s + 2\kappa(d)\sigma_u B_d^{(2)}(s), & s < 0, \\ 0, & s = 0, \\ s + 2\kappa(d)\sigma_u B_d^{(2)}(s), & s > 0, \end{cases} \tag{5.5}$$

$B_d^{(2)}(\cdot)$ 是一个双边分数布朗运动.

定理 5.2 对于模型 (5.1), 若假设 E1~E3 和 E5 成立, 则当 $N, T \to \infty$ 时,

$$\hat{k}_1 - k_1^0 = O_p(1), \quad \hat{k}_1 - k_1^0 \xrightarrow{d} \underset{l \in \{\cdots, -2, -1, 0, 1, 2, \cdots\}}{\arg\min} W_1^*(l), \tag{5.6}$$

其中,

$$W_1^*(l) = \begin{cases} -l\sqrt{\lambda_1} + 2\sigma_u \sum_{t=l}^{-1}(1-B)^{-d}Z_t, & l = -1, -2, \cdots, \\ 0, & l = 0, \\ l\sqrt{\lambda_1} + 2\sigma_u \sum_{t=1}^{l}(1-B)^{-d}Z_t, & l = 1, 2, \cdots, \end{cases}$$

$Z_t(t = \cdots, -2, -1, 0, 1, 2, \cdots)$ 是独立同分布标准正态随机变量.

若进一步假设 E7 成立, 则当 $N, T \to \infty$ 时,

$$|\hat{k}_2 - k_2^0| = O_p\left(\lambda_{2N}^{-1/(1-2d)}\right), \quad (\lambda_{2N})^{1/(1-2d)}(\hat{k}_2 - k_2^0) \xrightarrow{d} \underset{-\infty < s < \infty}{\arg\min} \Upsilon(s), \tag{5.7}$$

其中 $\Upsilon(s)$ 的定义见式 (5.5).

由定理 5.1和定理 5.2可以看出, k_1^0 作为信号更强的变点始终会被首先估计出来, 这与我们的直观判断一致, 且它的渐近性质不受 k_2^0 的干扰. 当 k_1^0 为强信号变点时, $\hat{k}_1$ 为其相合估计; 当 k_1^0 为中等信号变点时, $\hat{k}_1$ 为其 $T-$ 一致估计量. 当 k_2^0 为中等信号时, $\hat{k}_2$ 为其 $T-$ 一致估计量, 估计误差依概率有界; 当 k_2^0 为弱信号时, $\hat{k}_2$ 的估计误差趋于无穷. 此外, 我们发现 $\hat{k}_1$ 和 $\hat{k}_2$ 的极限分布与单变点模型时估计量的极限分布 (见定理 4.2 和定理 4.3) 十分类似, 这说明当模型具有两个信号不同的变点时我们可以依次将其视为两个单变点模型处理.

5.2 数据模拟

本节分别对定理 5.1和定理 5.2进行有限样本模拟以验证其理论结果. 两个真实变分点均位于 1/3 和 2/3 处, 实验重复次数为 1000 次.

5.2.1 实验一

第一组实验调查定理 5.1 中估计量的有限样本表现, (T, N) 分别设为 $(15, 10), (30, 20)$ 和 $(45, 30)$. 在定理 5.1 中, k_1^0 具有强变点信号, $\hat{k}_1$ 为其相合估计; 而 k_2^0 分别为中等信号和弱信号, 且 $\hat{k}_2$ 都不是相合估计, 但前者估计误差有界, 后者的估计误差较大. 为此我们分别设置 $\mu_{i1} - \mu_{i2} \sim U(-2, 2), \mu_{i2} - \mu_{i3} \sim U(-1, 1)$ 表示 k_1^0 为强变点信号 k_2^0 为中等信号的情形, 以及 $\mu_{i1} - \mu_{i2} \sim U(-2, 2), \mu_{i2} - \mu_{i3} \sim U(-0.5, 0.5)$ 表示 k_1^0 为强变点信号 k_2^0 为弱信号的情形, 分别如图 5.1 和图 5.2 所示.

由图 5.1 可以看出, 当 k_1^0 为强变点信号 k_2^0 为中等信号时: (1) $\hat{k}_1$ 的估计精度非常高, 当 (T, N) 增至 $(45, 30)$ 时几乎可以 100% 估计出 $\hat{k}_1$, 这与定理 5.1 的结论 (5.2) 吻合; (2) $\hat{k}_2$ 整体而言趋于 k_2^0, 但表现弱于 k_1^0, 估计误差明显存在, 且随着 (T, N) 的增加, $\hat{k}_2$ 的估计精度也得以提升, 符合定理 5.1 的结论 (5.3).

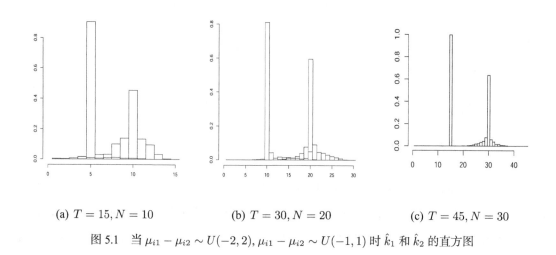

(a) $T = 15, N = 10$ (b) $T = 30, N = 20$ (c) $T = 45, N = 30$

图 5.1   当 $\mu_{i1} - \mu_{i2} \sim U(-2, 2), \mu_{i1} - \mu_{i2} \sim U(-1, 1)$ 时 $\hat{k}_1$ 和 $\hat{k}_2$ 的直方图

由图 5.2 可以看出, 当 k_1^0 为强变点信号 k_2^0 为弱信号时: (1) $\hat{k}_1$ 的表现依然优异. 这与定理 5.1 的结论 (5.2) 吻合; (2) $\hat{k}_2$ 的估计误差较大, 即使随着 (T, N) 的增加, $\hat{k}_2$ 的估计精度也有一定提升, 但在有限样本情形下估计效果仍不够理想. 故, 模拟结果与定理 5.1 的结论式 (5.2) 和式 (5.3) 一致.

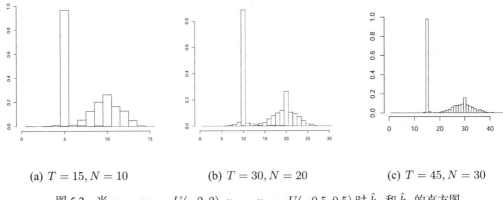

(a) $T = 15, N = 10$ (b) $T = 30, N = 20$ (c) $T = 45, N = 30$

图 5.2 当 $\mu_{i1} - \mu_{i2} \sim U(-2, 2)$, $\mu_{i1} - \mu_{i2} \sim U(-0.5, 0.5)$ 时 $\hat{k}_1$ 和 $\hat{k}_2$ 的直方图

5.2.2 实验二

实验二模拟 k_1^0 为中等信号、k_2^0 为弱信号的情形, $\mu_{i1} - \mu_{i2}$ 设置为 $(-1, 1)$ 区间上的均匀随机变量, $\mu_{i2} - \mu_{i3}$ 设置为 $(-0.5, 0.5)$ 区间上的均匀随机变量, (T, N) 的取值范围为 $\{(30, 10), (45, 30), (75, 50)\}$, 如图 5.3所示. 由定理 5.2可知, $\hat{k}_1$ 和 $\hat{k}_2$ 均不再分别是 k_1^0 和 k_2^0 的相合估计, 但前者的估计误差依概率有界, 后者的估计误差趋于无穷. 由图 5.3 可以观察到: (1) $\hat{k}_1$ 和 $\hat{k}_2$ 都存在较为明显的估计误差, 但当 (N, T) 的取值相同时, $\hat{k}_1$ 的估计精度明显优于 $\hat{k}_2$ 的估计精度; (2) 随着 (T, N) 的增加, $\hat{k}_1$ 的估计误差显著缩小, 而 $\hat{k}_2$ 的估计精度也缓慢提高.

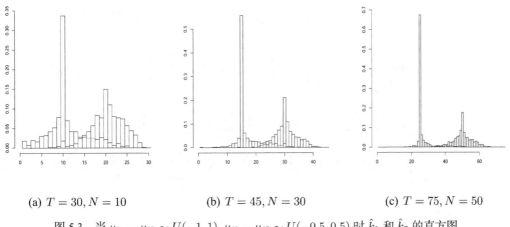

(a) $T = 30, N = 10$ (b) $T = 45, N = 30$ (c) $T = 75, N = 50$

图 5.3 当 $\mu_{i1} - \mu_{i2} \sim U(-1, 1)$, $\mu_{i1} - \mu_{i2} \sim U(-0.5, 0.5)$ 时 $\hat{k}_1$ 和 $\hat{k}_2$ 的直方图

5.3 证明

引理 5.1 对于模型 (5.1), 在假设 E1 下, 无论 T 是否有界, 有

$$\sup_{1 \leqslant k \leqslant T} \left| \left[S_{NT}(k) - \sum_{i=1}^{N} \sum_{t=1}^{T} x_{it}^2 \right] - E \left[S_{NT}(k) - \sum_{i=1}^{N} \sum_{t=1}^{T} x_{it}^2 \right] \right|$$

$$\leqslant \max \left\{ O_p \left(NT^{2d} \right), O_p \left(\sqrt{\lambda_{1N}} T^{0.5+d} \right) \right\}.$$

证明 由式 (4.24)~ 式 (4.26) 易知 $R_{NT}^{(i)}, i = 1, 2, 3$ 是 $S_{NT}(k) - \sum_{i=1}^{N} \sum_{t=1}^{T} x_{it}^2$ 唯一的随机项. 因此, 只需要讨论 $\sup\limits_{1 \leqslant k \leqslant k_1^0} |R_{NT}^{(1)} - ER_{NT}^{(1)}|$, $\sup\limits_{k_1^0+1 \leqslant k \leqslant k_2^0} |R_{NT}^{(2)} - ER_{NT}^{(2)}|$ 和 $\sup\limits_{k_2^0+1 \leqslant k < T} |R_{NT}^{(3)} - ER_{NT}^{(3)}|$. 为节省空间, 我们只详细论述 $\sup\limits_{1 \leqslant k \leqslant k_1^0} |R_{NT}^{(1)} - ER_{NT}^{(1)}|$ 的渐近性质, 其他情况可依此类推.

由式 (4.27) 可得

$$\sup_{1 \leqslant k \leqslant k_1^0} |R_{NT}^{(1)} - ER_{NT}^{(1)}|$$

$$\leqslant 2 \sup_{1 \leqslant k \leqslant k_1^0} \left| \sum_{i=1}^{N} \sum_{t=k+1}^{k_1^0} \left[\frac{T - k_1^0}{T - k}(\mu_{i1} - \mu_{i2}) + \frac{T - k_2^0}{T - k}(\mu_{i2} - \mu_{i3}) \right] x_{it} \right|$$

$$+ 2 \sup_{1 \leqslant k \leqslant k_1^0} \left| \sum_{i=1}^{N} \sum_{t=k_1^0+1}^{k_2^0} \left[-\frac{k_1^0 - k}{T - k}(\mu_{i1} - \mu_{i2}) + \frac{T - k_2^0}{T - k}(\mu_{i2} - \mu_{i3}) \right] x_{it} \right|$$

$$+ 2 \sup_{1 \leqslant k \leqslant k_1^0} \left| \sum_{i=1}^{N} \sum_{t=k_2^0+1}^{T} \left[\frac{k_1^0 - k}{T - k}(\mu_{i1} - \mu_{i2}) + \frac{k_2^0 - k}{T - k}(\mu_{i2} - \mu_{i3}) \right] x_{it} \right|$$

$$+ \sup_{1 \leqslant k \leqslant k_1^0} \left| \sum_{i=1}^{N} \sum_{t=1}^{k} \left(\frac{1}{\sqrt{k}} x_{it} \right)^2 - \sum_{i=1}^{N} \sum_{t=1}^{k} E \left(\frac{1}{\sqrt{k}} x_{it} \right)^2 \right|$$

$$+ \sup_{1 \leqslant k \leqslant k_1^0} \left| \sum_{i=1}^{N} \sum_{t=k+1}^{T} \left(\frac{1}{\sqrt{T - k}} x_{it} \right)^2 - \sum_{i=1}^{N} \sum_{t=k+1}^{T} E \left(\frac{1}{\sqrt{T - k}} x_{it} \right)^2 \right|. \tag{5.8}$$

对于第一项,

$$2 \sup_{1 \leqslant k \leqslant k_1^0} \left| \sum_{i=1}^{N} \sum_{t=k+1}^{k_1^0} \left[\frac{T-k_1^0}{T-k}(\mu_{i1}-\mu_{i2}) + \frac{T-k_2^0}{T-k}(\mu_{i2}-\mu_{i3}) \right] x_{it} \right|$$

$$= 2 \sup_{1 \leqslant k \leqslant k_1^0} \left| \sum_{t=k+1}^{k_1^0} \left[\frac{T-k_1^0}{T-k} \sum_{i=1}^{N}(\mu_{i1}-\mu_{i2})x_{it} + \frac{T-k_2^0}{T-k} \sum_{i=1}^{N}(\mu_{i2}-\mu_{i3})x_{it} \right] \right|$$

$$\leqslant 2 \sup_{1 \leqslant k \leqslant k_1^0} \frac{T-k_1^0}{T-k} \left| \sum_{t=k+1}^{k_1^0} \sum_{i=1}^{N}(\mu_{i1}-\mu_{i2})x_{it} \right| + 2 \sup_{1 \leqslant k \leqslant k_1^0} \frac{T-k_2^0}{T-k} \left| \sum_{t=k+1}^{k_1^0} \sum_{i=1}^{N}(\mu_{i2}-\mu_{i3})x_{it} \right|.$$

定义

$$\varphi_t^{(1)} = \frac{1}{\sqrt{\lambda_{1N}}} \sum_{i=1}^{N}(\mu_{i1}-\mu_{i2})x_{it}, \quad \varphi_t^{(2)} = \frac{1}{\sqrt{\lambda_{2N}}} \sum_{i=1}^{N}(\mu_{i2}-\mu_{i3})x_{it},$$

则 $\{\varphi_t^{(1)}, t \geqslant 1\}$ 和 $\{\varphi_t^{(2)}, t \geqslant 1\}$ 均为零均值和方差有限的长记忆随机变量. 因此, 由泛函中心极限定理可得

$$\sup_{1 \leqslant k < k_1^0} \left| \sum_{t=k+1}^{k_1^0} \psi_t^{(j)} \right| = O_p(T^{0.5+d}), \quad j = 1, 2.$$

即可得

$$2 \sup_{1 \leqslant k \leqslant k_1^0} \frac{T-k_1^0}{T-k} \left| \sum_{t=k+1}^{k_1^0} \sum_{i=1}^{N}(\mu_{i1}-\mu_{i2})x_{it} \right|$$

$$\leqslant 2\sqrt{\lambda_{1N}} \sup_{1 \leqslant k \leqslant k_1^0} \frac{T-k_1^0}{T-k} \cdot \sup_{1 \leqslant k \leqslant k^0} \left| \sum_{t=k+1}^{k^0} \varphi_t^{(1)} \right| = O_p\left(\sqrt{\lambda_{1N}} T^{0.5+d} \right),$$

和

$$2 \sup_{1 \leqslant k \leqslant k_1^0} \frac{T-k_2^0}{T-k} \left| \sum_{t=k+1}^{k_1^0} \sum_{i=1}^{N}(\mu_{i2}-\mu_{i3})x_{it} \right|$$

$$\leqslant 2\sqrt{\lambda_{2N}} \sup_{1 \leqslant k \leqslant k_1^0} \frac{T-k_2^0}{T-k} \cdot \sup_{1 \leqslant k \leqslant k_1^0} \left| \sum_{t=k+1}^{k^0} \varphi_t^{(2)} \right| = O_p\left(\sqrt{\lambda_{2N}} T^{0.5+d} \right) = o_p\left(\sqrt{\lambda_{1N}} T^{0.5+d} \right),$$

故第一项的阶为 $O_p\left(\sqrt{\lambda_{1N}} T^{0.5+d} \right)$.

对于第二项,

$$2 \sup_{1 \leqslant k \leqslant k_1^0} \left| \sum_{i=1}^{N} \sum_{t=k_1^0+1}^{k_2^0} \left[-\frac{k_1^0 - k}{T-k}(\mu_{i1} - \mu_{i2}) + \frac{T - k_2^0}{T-k}(\mu_{i2} - \mu_{i3}) \right] x_{it} \right|$$

$$\leqslant 2 \sup_{1 \leqslant k \leqslant k_1^0} \left| \sum_{i=1}^{N} \sum_{t=k_1^0+1}^{k_2^0} \frac{k_1^0 - k}{T-k}(\mu_{i1} - \mu_{i2}) x_{it} \right| + 2 \sup_{1 \leqslant k \leqslant k_1^0} \left| \sum_{i=1}^{N} \sum_{t=k_1^0+1}^{k_2^0} \frac{T - k_2^0}{T-k}(\mu_{i2} - \mu_{i3}) x_{it} \right|.$$

由于对所有的 $k \in [1, k_1^0]$ 有 $\frac{k_1^0 - k}{T-k} \leqslant 1$ 和 $\frac{T - k_2^0}{T-k} \leqslant 1$, 由性质 R4 可得,

$$E \left(\sup_{1 \leqslant k \leqslant k_1^0} \left| \sum_{i=1}^{N} \sum_{t=k_1^0+1}^{k_2^0} \frac{k_1^0 - k}{T-k}(\mu_{i1} - \mu_{i2}) x_{it} \right| \right)^2$$

$$\leqslant E \left| \sum_{i=1}^{N} \sum_{t=k_1^0+1}^{k_2^0} (\mu_{i1} - \mu_{i2}) x_{it} \right|^2$$

$$= \lambda_{1N} E \left(\sum_{t=k_1^0+1}^{k_2^0} x_{it} \right)^2$$

$$= O \left(\lambda_{1N} T^{1+2d} \right),$$

即表明

$$\sup_{1 \leqslant k \leqslant k_1^0} \left| \sum_{i=1}^{N} \sum_{t=k_1^0+1}^{k_2^0} \frac{k_1^0 - k}{T-k}(\mu_{i1} - \mu_{i2}) x_{it} \right| \leqslant \left| \sum_{i=1}^{N} \sum_{t=k_1^0+1}^{k_2^0} (\mu_{i1} - \mu_{i2}) x_{it} \right| = O_p \left(\sqrt{\lambda_{1N}} T^{0.5+d} \right).$$

同理可得

$$\sup_{1 \leqslant k \leqslant k_1^0} \left| \sum_{i=1}^{N} \sum_{t=k_1^0+1}^{k_2^0} \frac{T - k_2^0}{T-k}(\mu_{i1} - \mu_{i2}) x_{it} \right| \leqslant \left| \sum_{i=1}^{N} \sum_{t=k_1^0+1}^{k_2^0} (\mu_{i2} - \mu_{i3}) x_{it} \right|$$

$$= O_p \left(\sqrt{\lambda_{2N}} T^{0.5+d} \right)$$

$$= o_p \left(\sqrt{\lambda_{1N}} T^{0.5+d} \right).$$

因此, 第二项的阶为 $O_p \left(\sqrt{\lambda_{1N}} T^{0.5+d} \right)$.

　　同理可得第三项的阶也是 $O_p \left(\sqrt{\lambda_{1N}} T^{0.5+d} \right)$.

对于第四项, 由引理 1.1 和性质 R4 可得

$$
\sup_{1 \leqslant k \leqslant k^0} \left| \sum_{i=1}^{N} \left(\frac{1}{\sqrt{k}} \sum_{t=1}^{k} x_{it} \right)^2 - \sum_{i=1}^{N} E \left(\frac{1}{\sqrt{k}} \sum_{t=1}^{k} x_{it} \right)^2 \right|
$$

$$
\leqslant \sum_{i=1}^{N} \left(\sup_{1 \leqslant k \leqslant k^0} \frac{1}{\sqrt{k}} \left| \sum_{t=1}^{k} x_{it} \right| \right)^2 + \sum_{i=1}^{N} \sup_{1 \leqslant k \leqslant k^0} \frac{1}{k} E \left(\sum_{t=1}^{k} x_{it} \right)^2
$$

$$
\leqslant O_p(NT^{2d}).
$$

对于最后一项, 由泛函中心极限定理和性质 R4 可得

$$
\sup_{1 \leqslant k \leqslant k^0} \left| \sum_{i=1}^{N} \left(\frac{1}{\sqrt{T-k}} \sum_{t=k+1}^{T} x_{it} \right)^2 - \sum_{i=1}^{N} E \left(\frac{1}{\sqrt{T-k}} \sum_{t=k+1}^{T} x_{it} \right)^2 \right|
$$

$$
\leqslant \sum_{i=1}^{N} \frac{1}{T-k^0} \left(\sup_{1 \leqslant k \leqslant k^0} \sum_{t=k+1}^{T} x_{it} \right)^2 + \sum_{i=1}^{N} \frac{1}{T-k^0} \sup_{1 \leqslant k \leqslant k^0} E \left(\sum_{t=k+1}^{T} x_{it} \right)^2
$$

$$
= O_p(NT^{2d}).
$$

综上所述, 引理 5.1 证毕.

引理 5.2 对于模型 (5.1), 在假设 E1~E3 下, 若 $\frac{1}{T} = o(\lambda_{1N}/N)$, 则无论 T 是否有界, 当 N 足够大时, 对于 $k \in [1, T-1]$, 有

$$
E \left[S_{NT}(k) - \sum_{i=1}^{N} \sum_{t=1}^{T} x_{it}^2 \right] - E \left[S_{NT}(k^0) - \sum_{i=1}^{N} \sum_{t=1}^{T} x_{it}^2 \right]
$$

$$
= ES_{NT}(k) - ES_{NT}(k_1^0) \geqslant c|k - k_1^0|\lambda_{1N},
$$

其中, c 是一个与 τ_j^0 $(j = 1, 2)$ 有关的正常数.

证明 由式 (4.30) ~ 式 (4.32) 和引理 4.9 的证明可知

$$
ES_{NT}(k) - ES_{NT}(k_1^0)
$$

$$
= P_{NT}(k) - \sum_{i=1}^{N} E \left[\left(\frac{1}{\sqrt{k}} \sum_{t=1}^{k} x_{it} \right)^2 - \left(\frac{1}{\sqrt{k_1^0}} \sum_{t=1}^{k_1^0} x_{it} \right)^2 \right]
$$

$$
- \sum_{i=1}^{N} E \left[\left(\frac{1}{\sqrt{T-k}} \sum_{t=k+1}^{T} x_{it} \right)^2 - \left(\frac{1}{\sqrt{T-k_1^0}} \sum_{t=k_1^0+1}^{T} x_{it} \right)^2 \right],
$$

且 $P_{NT}(k)$ 是上式的主项,

$$P_{NT}(k) = \begin{cases} P_{NT}^{(1)}(k), & k \in [1, k_1^0], \\[2mm] P_{NT}^{(2)}(k), & k \in [k_1^0 + 1, k_2^0], \\[2mm] P_{NT}^{(3)}(k), & k \in [k_2^0 + 1, T], \end{cases}$$

$P_{NT}^{(j)}(k)$ $(j = 1, 2, 3)$ 的定义分别见式 (4.33)、式 (4.34) 和式 (4.35).

故只需证明存在常数 $c_0 > 0$, 使得对所有的 $k \in [1, T-1]$, 当 N 足够大时, $P_{NT}(k) \geqslant c_0 |k - k_1^0| \lambda_{1N}$. 回顾引理 4.9 的证明, 当 $k \in [1, k_1^0]$ 时, 对于足够大的 N, 有

$$\begin{aligned} P_{NT}^{(1)}(k) &\geqslant |k - k_1^0|(1 - \tau_1^0) \sum_{i=1}^{N} \left[(\mu_{i1} - \mu_{i2}) + \frac{1 - \tau_2^0}{1 - \tau_1^0}(\mu_{i2} - \mu_{i3}) \right]^2 \\ &= |k - k_1^0|(1 - \tau_1^0) \left[\lambda_{1N} + 2\frac{1 - \tau_2^0}{1 - \tau_1^0} o(\lambda_{1N}) + \left(\frac{1 - \tau_2^0}{1 - \tau_1^0} \right)^2 o(\lambda_{1N}) \right] \\ &\geqslant c_1 |k - k_1^0| \lambda_{1N}, \end{aligned}$$

$c_1 = \dfrac{1}{2}(1 - \tau_1^0) > 0$.

当 $k \in [k_1^0 + 1, k_2^0]$ 时, 对于足够大的 N, 有

$$\begin{aligned} P_{NT}^{(2)}(k) &\geqslant |k - k_1^0| \left[\frac{\tau_1^0}{\tau_2^0} \lambda_{1N} - \frac{1 - \tau_2^0}{1 - \tau_1^0} \lambda_{2N} \right] \\ &= |k - k_1^0| \left[\frac{\tau_1^0}{\tau_2^0} \lambda_{1N} - \frac{1 - \tau_2^0}{1 - \tau_1^0} o(\lambda_{1N}) \right] \geqslant c_2 |k - k_1^0| \lambda_{1N}, \end{aligned}$$

$c_2 = \dfrac{\tau_1^0}{2\tau_2^0} > 0$.

当 $k \in [k_2^0 + 1, T]$ 时, 对于足够大的 N, 有

$$\begin{aligned} P_{NT}^{(3)}(k) &= |k - k_1^0| \sum_{i=1}^{N} \left\{ \frac{k_1^0}{k}(\mu_{i1} - \mu_{i2})^2 + \frac{2k_1^0(k - k_2^0)}{k(k - k_1^0)}(\mu_{i1} - \mu_{i2})(\mu_{i2} - \mu_{i3}) \right. \\ &\quad \left. + \left[\frac{k_2^0(k - k_2^0)}{k(k - k_1^0)} - \frac{(T - k_2^0)(k_2^0 - k_1^0)}{(T - k_1^0)(k - k_1^0)} \right] (\mu_{i2} - \mu_{i3})^2 \right\} \\ &= |k - k_1^0| \left\{ \frac{k_1^0}{k} \lambda_{1N} + \frac{2k_1^0(k - k_2^0)}{k(k - k_1^0)} o(\lambda_{1N}) \right. \\ &\quad \left. + \left[\frac{k_2^0(k - k_2^0)}{k(k - k_1^0)} - \frac{(T - k_2^0)(k_2^0 - k_1^0)}{(T - k_1^0)(k - k_1^0)} \right] o(\lambda_{1N}) \right\} \geqslant c_3 |k - k_1^0| \lambda_{1N}, \end{aligned}$$

$c_3 = \dfrac{1}{2}\tau_1^0 > 0$.

因此, 令 $c_0 = \min\{c_1, c_2, c_3\}$, 显然, 对所有的 $k \in [1, T-1]$, 当 N 足够大时, $P_{NT}(k) \geqslant c_0 |k - k_1^0| \lambda_{1N}$. 证毕.

给定常数 $0 < \eta < 1$ 满足 $\tau_1^0 \in (\eta, \tau_2^0(1-\eta))$，定义

$$\widetilde{D} = \{k : T\eta \leqslant k \leqslant T\tau_2^0(1-\eta)\}.$$

引理 5.3 对于模型 (5.1)，在假设 E1～E4 下，

$$P\left(\min_{k \in \widetilde{D}, \, k \neq k_1^0} S_{NT}(k) - S_{NT}(k_1^0) \leqslant 0\right) \to 0.$$

证明 注意到

$$\lambda_{1N} \to \infty, \quad \sum_{i=1}^{N}(\mu_{i1} - \mu_{i2})(\mu_{i2} - \mu_{i3}) = o(\lambda_{1N}), \quad \lambda_{2N} = o(\lambda_{1N}),$$

本引理的证明思路与引理 4.9 的证明思路一致，不再赘述.

引理 5.4 对于模型 (5.1)，若假设 E1～E3 和 E5 成立，则对任意小的 η 满足 $\tau_1^0 \in (\eta, \tau_2^0(1-\eta))$，存在一个正的常数 $M < \infty$，使得当 $N, T \to \infty$ 时，

$$P\left(\min_{k \in \widetilde{D}, \, |k-k_1^0|>M} S_{NT}(k) - S_{NT}(k_1^0) \leqslant 0\right) \to 0.$$

证明 注意到

$$\lambda_{1N} \to \lambda_1, \quad \sum_{i=1}^{N}(\mu_{i1} - \mu_{i2})(\mu_{i2} - \mu_{i3}) = o(\lambda_{1N}), \quad \lambda_{2N} = o(\lambda_{1N}),$$

本引理的证明可直接参考引理 4.10 的证明，不再赘述.

定理 5.1 的证明：首先关于式 (5.2) 的证明，由引理 5.1～5.3 可证明式 (5.2) 中 $\hat{k}_1$ 的一致性，其中引理 5.1～引理 5.2 用来说明 $|\hat{k}_1 - k_1^0| = o_p(T)$，引理 5.3 可证明 $|\hat{k}_1 - k_1^0| = o_p(1)$，具体证明过程可参考定理 4.1 结论 (1) 的证明.

然后关于式 (5.3) 的证明，由于 k_2^0 是在子样本区间 $[\hat{k}_1 + 1, T]$ 中估计而得，因为 $\hat{k}_1$ 的相合性，k_2^0 将会以趋于 1 的概率在子样本区间 $[k_1^0 + 1, T]$ 中估计而得，可视作在单变点模型中估计 k_2^0. 因此，$\hat{k}_2$ 的 T 一致性证明可参照定理 4.1 中结论 (2) 的证明，$\hat{k}_2$ 极限分布的推导可参考定理 4.2 的证明.

最后关于结论式 (5.4) 的证明，同样由于 $\hat{k}_1$ 的一致性，$\hat{k}_2$ 的收敛速度和极限分布的证明可分别直接参考定理 4.1 中结论 (3) 和定理 4.3 的证明.

定理 5.2 的证明: 结论 (5.6) 第一部分的证明与定理 4.1 中结论 (2) 和定理 4.2 的证明类似, 主要思路为先用引理 5.1~5.2 来说明 $\left|\hat{k}_1 - k_1^0\right| = o_p(T)$, 再由引理 5.4 说明 $\left|\hat{k}_1 - k_1^0\right| = O_p(1)$.

关于结论式 (5.6) 第二部分的证明, 即证明 $\hat{k}_1$ 的极限分布, 注意到

$$\lambda_{1N} \to \lambda_1, \quad \sum_{i=1}^{N}(\mu_{i1} - \mu_{i2})(\mu_{i2} - \mu_{i3}) = o(\lambda_{1N}), \quad \lambda_{2N} = o(\lambda_{1N}),$$

再参考定理 4.2 的证明, 即可推导出式 (5.6) 的第二部分.

关于式 (5.7) 的证明, 由于 $\left|\hat{k}_1 - k_1^0\right| = O_p(1)$, 故 $\hat{k}_2$ 的收敛速度和极限分布的证明可分别直接参考定理 4.1 中结论 (3) 和定理 4.3 的证明.

参考文献

[1] 郭君, 孔锋. 自然灾害概率风险历史资料的有效性及其检验 [J]. 灾害学, 2019, 34(3): 21-26.

[2] 沈维蕾. 制造过程失控趋势模式识别和变点估计研究及应用 [D]. 合肥: 合肥工业大学, 2014.

[3] 王晓原, 隽志才, 贾洪飞, 朴基男. 交通流突变分析的变点统计方法研究 [J]. 中国公路学报, 2002, 15(4):69-74.

[4] 叶五一, 缪柏其, 谭常春. 基于分位点回归模型变点检测的金融传染分析 [J]. 数量经济技术经济研究, 2007(10):152-162.

[5] 朱广宇, 王雨晨, 张彭, 艾渤, 边历嵚. 基于变点发掘的城市轨道交通客流预测模型 [J]. 中南大学学报 (自然科学版), 2016, 47(6): 2153-2159.

[6] Adenstedt R K. On large-sample estimation for the mean of a stationary random sequence[J]. Annals of Statistics, 1974, 2 (6): 1095-1107.

[7] Bai J. Least squares estimation of a shift in linear processes[J]. Journal of Time Series Analysis, 1994, 15 (5): 453-472.

[8] Bai J. Estimating multiple breaks one at a time[J]. Econometric Theory, 1997, 13(3): 315-352.

[9] Bai J. Common breaks in means and variances for panel data[J]. Journal of Econometrics, 2010, 157(1): 78-92.

[10] Bai J, Perron P. Estimating and testing linear models with multiple structural changes[J]. Econometrica, 1998, 66(1): 47-78.

[11] Bai J, Perron P. Computation and analysis of multiple structural change models[J]. Journal of Applied Econometrics, 2003, 18 (1): 1-22.

[12] Bendavid D , Papell D H . International trade and structural change[J]. Nber Working Papers, 1997, 43(3-4): 513-523.

[13] Bennett P , Peach R , Peristiani S . Structural change in the mortgage market and the propensity to refinance[J]. Journal of Money Credit and Banking, 2001, 33(4):955-975.

[14] Betken A. Testing for change-points in long-range dependent time series by means of a self-normalized Wilcoxon test[J]. Journal of Time Series Analysis, 2016(37): 785-809.

[15] Betken A. Change point estimation based on Wilcoxon tests in the presence of long-range dependence[J]. Electronic Journal of Statistics, 2017 (11): 3633-3672.

[16] Bhattacharya P K. Maximum likelihood estimation of a change-point in the distribution of independent random variables: general multiparameter case[J]. Journal of Multivariate Analysis, 1987, 23(2): 183-208.

[17] Chan J, Horváth L, Hušková M. Darling-Erdős limit results for change-point detection in panel data[J]. Journal of Statistical Planning and Inference, 2013, 143(5): 955-970.

[18] Chang S Y, Perron P. Inference on a structural break in trend with fractionally integrated errors[J]. Journal of Time Series Analysis, 2016, 37(4): 555-574.

[19] Chen Z, Hu Y. Cumulative sum estimator for change-point in panel data[J]. Statistical Papers, 2017, 58(3): 707-728.

[20] Chib S . Estimation and comparison of multiple change-point models[J]. Journal of Econometrics, 1998, 86(2):221-241.

[21] Cho H. Change-point detection in panel data via double CUSUM statistic[J]. Electronic Journal of Statistics, 2016, 10(2): 2000-2038.

[22] Ciuperca G. Model selection by LASSO methods in a change-point model[J]. Statistical Papers, 2014, 55(2): 349-374.

[23] Csörgő M, Horváth L. Limit theorems in change-point analysis[M]. New York: Wiley, 1997.

[24] Diebold F X, Inoue A. Long memory and regime switching[J]. Journal of Econometrics, 2001, 105 (1): 131-159.

[25] Fisher M, Jensen M. Bayesian inference and prediction of a multiple-change-point panel model with nonparametric priors[J]. Journal of Econometrics, 2019, 210: 187-202.

[26] Giraitis L, Robinson P M, Samarov A. Adaptive semiparametric estimation of the memory parameter[J]. Journal of Multivariate Analysis, 2000, 72: 183-207.

[27] Granger C W. The typical spectral shape of an economic variable[J]. Econometrica, 1966, 34 (1): 150–161.

[28] Granger C W J, Joyeux R. An introduction to long-memory time series models and fractional differencing[J]. Journal of Time Series Analysis, 1980, 1(1): 15-29.

[29] Guégan D. How can we define the concept of long memory? An econometric survey[J]. Econometric Reviews, 2005, 24(2): 113-149.

[30] Haldrup N, Vera Valdés J E. Long memory, fractional integration, and cross-sectional aggregation[J]. Journal of Econometrics, 2017, 199: 1-11.

[31] Hansen B E. The new econometrics of structural change: Dating breaks in U.S. labor productivity[J]. The Journal of Economic Perspectives, 2001, 15(4): 117-128.

[32] Harchaoui Z , Lévy-Leduc C. Multiple change-point estimation with a total variation penalty[J]. Journal of the American Statistical Association, 2010, 105(492): 1480-1493.

[33] Harvey D I, Leybourne S J, Taylor A M R. Modified tests for a change in persistence[J]. Journal of Econometrics, 2006, 134(2): 441-469.

[34] Harvey D I, Leybourne S J, Taylor A M R. Corrigendum[J]. Journal of Econometrics, 2012, 168(2): 407-407.

[35] Hinkley D V. Inference about the change point in a sequence of random variables[J]. Biometrika, 1970, 57(1): 1-17.

[36] Hinkley D V . Inference about the change-point from cumulative sun tests[J]. Biometika, 1971, 58(3): 509-523.

[37] Horváth L, Hušková M. Change-point detection in panel data[J]. Journal of Time Series Analysis, 2012, 33: 631-648.

[38] Hosking J R M. Fractional differencing[J]. Biometrika, 1981, 68: 165-176.

[39] Hosking J R M. Modelling persistence in hydrological time series using fractional differencing[J]. Water Resources Research, 1984, 20(12): 1898-1908.

[40] Hsu Y, Kuan C. Change-point estimation of nonstationary I(d) processes[J]. Economics Letters, 2008, 98(2): 115-121.

[41] Hu S, Li X, Yang W, Wang X. Maximal inequalities for some dependent sequences and their applications[J]. Journal of the Korean Statistical Society, 2011, 40(1): 11-19.

[42] Hurst H E. Long-term storage capacity of reservoirs[J]. Transaction of the American Society of Civil Engineers, 1951, 116: 776-808.

[43] Hurst H E. A suggested statistical model of some time series which occur in nature[J]. Nature, 1957, 180: 494.

[44] Iacone F, Leybourne S J, Robert Taylor A M. Testing for a change in mean under fractional integration[J]. Journal of Time Series Econometrics, 2017, 9(1): 8.

[45] Iacone F , Lazarová, Š těpána. Semiparametric detection of changes in long range dependence[J]. Journal of Time Series Analysis, 2019, 40(5): 693-706.

[46] Joseph L, Vandal A, Wolfson D. Estmation in the multi-path change-point problem for correlated data[J]. The Canadian Journal of Statistics, 1996, 24(1): 37-54.

[47] Joseph L, Wolfson D. Estmation in the multi-path change-point problems[J]. Communications in Statistics: Theory and Method, 1992, 21(4): 897-913.

[48] Joseph L, Wolfson D. Maximum likehood estimation in the multi-path change-point problem[J]. Annals of the Institute of Statistical Mathematics, 1993, 45(3): 511-530.

[49] Kallenberg O. Foundations of modern probability[M]. Berlin: Springer, 2002.

[50] Kawahara Y, Yairi T, Machida K. Change-point detection in time-series data based on subspace identification[C]//Seventh IEEE International Conference on Data Mining (ICDM 2007). IEEE, 2007: 559-564.

[51] Kejriwal M, Perron P, Zhou J. Wald tests for detecting multiple structural changes in persistence[J]. Econometric Theory, 2013, 29(2): 289-323.

[52] Kim D. Estimating a common determinstic time trend break in large panels with cross sectional dependence[J]. Journals of Econometrics, 2011, 164(2): 310-330.

[53] Kim D. Common breaks in time trends for large panel data with a factor structure[J]. The Econometrics Journal, 2014, 17(3): 301-337.

[54] Kim J, Pollard D. Cube root asymptotics[J]. The Annals of Statistics, 1990, 18(1): 191-219.

[55] Kuan C, Hsu C. Change-point estimation of fractionally integrated processes[J]. Journal of Time Series Analysis, 1998, 19(6): 693-708.

[56] Lavielle M . Using penalized contrasts for the change-point problem[J]. Signal Processing, 2005, 85(8): 1501-1510.

[57] Lavielle M, Moulines E. Least-squares estimation of an unknown number of shifts in a time series[J]. Journal of Time Series Analysis, 2000, 21(1): 33-59.

[58] Leybourne S, Kim T, Smith V, Newbold P. Tests for a change in persistence against the null of difference-stationarity[J]. The Econometrics Journal, 2003, 6(2): 291-311.

[59] Li F, Tian Z, Xiao Y, et al. Variance change-point detection in panel data models[J]. Economics Letters, 2015, 126: 140-143.

[60] Li Q, Wang L. Robust change point detection method via adaptive LAD-LASSO[J]. Statistical Papers, 2020, 61(1): 109-121.

[61] Li Y, Robert L. Multiple changepoint detection using metadata[J]. Journal of Climate, 2015, 28(10):4199-4216.

[62] Lin Z, Bai Z. Probability Inequalities[M]. Berlin: Springer, 2010.

[63] Liu S, Yamada M, Collier N, et al. Change-point detection in time-series data by relative density-ratio estimation[J]. Neural Networks, 2013, 43: 72-83.

[64] Mahmoud M A, Parker P A, Woodall W H, et al. Change point method for linear profile data[J]. Quality and Reliability Engineering, 2007, 23(2): 247-268.

[65] Mandelbrot B B, Van Ness J W. Fractional Brownian motions, fractional noises and applications[J]. SIAM Review, 1968, 10(4): 422-437.

[66] Mandelbrot B B, Wallis J R. Computer experiments with fractional Gaussian noises[J]. Water Resource Research, 1969, 5: 228-267, .

[67] McLeod A I, Hipel K W. Preservation of the rescaled adjusted range. 1: A reassessment of the Hurst phenomenon[J]. Water Resourses Research, 1978, 14: 491-508.

[68] McMillan M, Rodrik D. Globallization, structural change, and productivity growth[J]. Ifpri Discussion Papers, 2012, No.17143.

[69] Ngene G M, Lambert C A, Darrat A F. Testing long memory in the presence of structural breaks: an application to regional and national housing markets[J]. Journal of Real Estate Finance and Economics, 2015, 50(4):465-483.

[70] O'Leary E, Webber D J. The role of structural change in European regional productivity growth[J]. Regional Studies, 2015, 49(9): 1548-1560.

[71] Page E S. Continuous inspection schemes[J]. Biometrika, 1954, 41: 100-105.

[72] Pang T, Chong T T L, Zhang D. Liang, Y. Structural change in nonstationary AR(1) models[J]. Econometric Theory, 2018, 34: 985-1017.

[73] Pettitt A N . A non-parametric approach to the change-point problem[J]. Journal of the Royal Statistical Society. Series C (Applied Statistics), 1979, 28(2): 126-135.

[74] Picard D. Testing and estimating change points in time series[J]. Advances in Applied Probability, 1985, 17(4): 841–867.

[75] Qu Z. Testing for structural change in regression quantiles[J]. Journal of Econometrics, 2008, 146(1): 170-184.

[76] Robinson P M. Log-periodogram regression of time series with long range dependence[J]. The Annals of Statistics, 1995a, 23 (3): 1048-1072.

[77] Robinson P M. Gaussian semiparametric estimation of long range dependence[J]. The Annals of Statistics, 1995b, 23(5): 1630-1661.

[78] Shao X. A simple test of changes in mean in the possible presence of long-range dependence[J]. Journal of Times Series Analysis, 2011, 32(6): 598-606.

[79] Smith A F M . A Bayesian approach to inference about a change-point in a sequence of random variables[J]. Biometrika, 1976, 63(1): 407-416.

[80] Sowell F. The fractional unit root distribution[J]. Econometrica, 1990, 58(2): 495-505.

[81] Taqqu M S, Teverovsky V. On estimating the intensity of long-range dependence in finite and infinite variance time series[M]//A practical guide to heavy tails: statistical techniques and applications. Boston: Birkhauser, 1998: 177-217.

[82] Wachter S D, Tzavalis E. Detection of structural breaks in linear dynamic panel data models[J]. Computational Statistics and Data Analysis, 2012, 56(11): 3020-3034.

[83] Wang L. Change-point estimation in long memory nonparametric models with applications[J]. Communications in Statistics Simulation and Computation, 2008, 37: 48-61.

[84] Wang Q, Lin Y X, Gulati C M. Asymptotics for general fractionally integrated processes with applications to unit root tests[J]. Econometric Theory, 2003, 19: 143-164.

[85] Wenger K, Leschinski C, Sibbertsen P. Change-in-mean tests in long-memory time series: a review of recent developments[J]. AStA Advances in Statistical Analysis, 2019, 103(2): 237-256.

[86] Westerlund J. Common breaks in means for cross-correlated fixed-T panel data[J]. Journal of Time Series Analysis 2019,40: 248-255.

[87] Wright J H . Testing for a structural break at unknown date with long memory disturbances[J]. Journal of Time Series Analysis, 1998, 19(3): 369-376.